"一带一路"与PPP

热点问题·风险防范·经典案例

陈青松 任 兵 主编

中国建筑工业出版社

图书在版编目（CIP）数据

"一带一路"与PPP/陈青松，任兵主编. —北京：
中国建筑工业出版社，2018.4
ISBN 978-7-112-21922-3

Ⅰ.①一… Ⅱ.①陈… ②任… Ⅲ.①"一带一
路"-国际合作-研究②政府投资-合作-社会资本-研究
Ⅳ.①F125②F830.59③F014.39

中国版本图书馆CIP数据核字（2018）第046004号

本书对如何推进"一带一路"PPP提出了独到的见解，并将具体案例融合到
理论中，让读者对此有更深刻的理解，对投资"一带一路"PPP的企业和行业人
士具有较大的借鉴意义。本书可以作为相关政府决策部门、社会资本、金融机构、
社会中介机构等PPP模式主体以及研究、操作"一带一路"PPP项目的专业人士
参考使用。

责任编辑：李　明　李　慧
责任设计：李志立
责任校对：刘梦然

"一带一路"与PPP
热点问题·风险防范·经典案例
陈青松　任　兵　主编

＊

中国建筑工业出版社出版、发行（北京海淀三里河路9号）
各地新华书店、建筑书店经销
霸州市顺浩图文科技发展有限公司制版
廊坊市海涛印刷有限公司印刷

＊

开本：787×1092毫米　1/16　印张：10¼　字数：204千字
2018年5月第一版　　2018年6月第二次印刷
定价：**30.00**元
ISBN 978-7-112-21922-3
（31835）

前　言

"一带一路"倡议快速推进，国家各项支持政策纷纷落地，各类主体积极参与，合作模式不断创新，项目建设如火如荼……这是一场沿线国家的大合唱，美妙的旋律飘扬在沿线辽阔的大陆和一望无垠的海洋。

基础设施建设是"一带一路"沿线国家最迫切的需求之一，主要的原因在于沿线国家许多国家基础设施薄弱、政府财政资金紧张。数据显示，除中国外，"一带一路"沿线其他 60 多个国家和地区未来每年投资需求达 8000 亿美元，而国际金融机构中亚洲开发银行（以下简称"亚行"）和世界银行每年只能筹到240 亿美元，通过亚洲基础设施投资银行（以下简称"亚投行"）每年可融到4000 亿美元，即使加上丝路基金，也远不能满足"一带一路"沿线国家资金需求。可以说，"一带一路"沿线国家对基础设施建设有着旺盛的需求，却不得不面临巨大的资金缺口。

在当前"一带一路"倡议大力推进之际，兼具多种优势的 PPP 模式走到前台，并将大显身手。PPP 模式是在政府和社会资本之间建立起的"利益共享，风险共担"的合作伙伴关系：一方面，缓解政府财政资金压力；另一方面，提高项目本身的建设和运营效率。在"一带一路"沿线国家推广 PPP 模式，能够充分发挥 PPP 模式本身的诸多优势，有助于加快"一带一路"建设，促进项目快速落地。

不过，"一带一路"倡议涉及 60 多个国家和地区，且各个国家和地区之间无论是经济发展水平、法律环境、地理条件还是人文环境均不相同，因此风险因素复杂多样。此外，在 PPP 模式下，也面临着方方面面的风险因素，如政策变更、政策信用、融资风险、建设风险、运营风险等。"一带一路" PPP 项目各种风险因素错综复杂，对致力于投资"一带一路" PPP 项目的社会资本提出了严峻的挑战。

本书重点分析了"一带一路"倡议的重要意义、采取 PPP 模式对"一带一路"建设的促进作用、"一带一路" PPP 推广中遇到的风险和难题，并系统性地提出了针对"一带一路" PPP 发展的对策和建议。

目　　录

第一章　中国企业走向"一带一路" ……………………………… 1

　一、"一带一路"倡议稳步推进 …………………………… 1

　二、"一带一路"重点合作领域 …………………………… 3

　三、央企引领"一带一路"投资 …………………………… 6

　四、中国企业加速"走出去" ……………………………… 13

第二章　PPP模式天然契合"一带一路" …………………… 16

　一、"一带一路"资金缺口巨大 …………………………… 16

　二、"一带一路"与PPP高度契合 ………………………… 18

　三、PPP模式是"一带一路"的必然选择 ………………… 21

　四、我国积极推广PPP助力"一带一路" ………………… 23

第三章　PPP是中国企业"撬动"一带一路"支点" ………… 26

　一、解读"一带一路"上的PPP …………………………… 26

　二、"一带一路"倡议下的中国企业机遇 ………………… 29

　三、国内PPP与跨国PPP的区别与联系 ………………… 31

　四、中国企业以PPP模式"撬动""一带一路"项目 …… 33

　五、中国企业精准发力"一带一路"PPP ………………… 35

第四章　金融创新推动"一带一路"PPP项目建设 ………… 39

　一、"一带一路"PPP需要多元化的融资机制 …………… 39

　二、"一带一路"PPP项目的资金融通 …………………… 42

　三、中资银行积极支持"一带一路"PPP ………………… 45

　四、保险资金支持"一带一路"建设 ……………………… 49

　五、探索"一带一路"PPP资产证券化 …………………… 54

第五章　绿色金融在"一带一路"建设中的重要作用 ……… 59

　一、"一带一路"沿线环境考量 …………………………… 59

　二、"绿色金融"快速发展 ………………………………… 62

三、绿色金融中的"赤道原则" ………………………………………… 69

四、绿色金融支持"一带一路"PPP ……………………………………… 71

第六章　中国企业走向"一带一路"的风险及防范 ……………… 75

一、中国企业海外投资成功率不高 …………………………………… 75

二、中国企业走向"一带一路"的风险 ……………………………… 79

三、"一带一路"PPP项目风险控制 ………………………………… 81

四、央企做好"一带一路"PPP风险防范 …………………………… 84

第七章　"一带一路"PPP项目法律争议解决 …………………… 87

一、PPP项目合同体系 ………………………………………………… 87

二、PPP项目诉讼无真正"赢家" …………………………………… 89

三、"一带一路"PPP项目争议解决机制 …………………………… 92

四、我国对PPP项目争议解决的规定 ……………………………… 94

五、建立"一带一路"沿线国家争端解决机构 …………………… 97

第八章　"一带一路"PPP项目仲裁解决方式 ………………… 100

一、仲裁解决方式具有多种优势 …………………………………… 100

二、中国企业如何选择仲裁 ………………………………………… 103

三、以我国为例：社会资本的仲裁准备 …………………………… 106

四、积极构建与"一带一路"相适应的仲裁机制 ………………… 111

第九章　发展"一带一路"PPP建议 …………………………… 115

一、PPP模式在国际上的应用 ……………………………………… 115

二、PPP模式的国际经验 …………………………………………… 117

三、发展"一带一路"PPP的建议 ………………………………… 120

四、"一带一路"PPP项目激励相容 ……………………………… 125

五、中国企业投资"一带一路"PPP项目 ………………………… 127

六、塑造"一带一路"中国企业良好形象 ………………………… 131

第十章　"一带一路"PPP项目典型案例 …………………… 135

一、案例一：斯里兰卡科伦坡港口PPP项目 …………………… 135

二、案例二：柬埔寨额勒赛下游水电PPP项目 ………………… 137

三、案例三：巴基斯坦卡西姆港燃煤电站PPP项目 …………… 140

四、案例四：东非亚吉铁路PPP项目 …………………………… 143

五、案例五：牙买加南北高速公路 PPP 项目 ………………… 146

六、案例六：巴基斯坦萨察尔 50MW 风电"EPC＋O&M"项目 ……… 149

七、案例七：哥伦比亚马道斯 Mar2 高速公路 PPP 项目 …………… 151

参考资料 ……………………………………………………… 155

第一章 中国企业走向"一带一路"

"一带一路"涉及沿线 60 多个国家和地区、40 多亿人口，经济总量超过 20 万亿美元。对不断"走出去"的中国企业来说，"一带一路"蕴藏着巨大的商机。

一、"一带一路"倡议稳步推进

2000 年，党中央首次确立了"走出去"战略。随后的"十五规划"、"十一五规划"、"十二五规划"和"十三五规划"都将中国企业"走出去"作为新时期新阶段深化对外开放的重要举措。

1. "一带一路"倡议的重要意义

"一带一路"（英文：The Belt and Road，缩写 B&R）是"丝绸之路经济带"和"21 世纪海上丝绸之路"的简称。2013 年，习近平主席先后提出共建"丝绸之路经济带"与"21 世纪海上丝绸之路"构想。作为新时代"走出去"的国家大战略，"一带一路"旨在打破原有点状、块状的区域发展模式，从海至陆，从纵到横，贯通我国东部、中部、西部和主要沿海港口城市，进而连接起亚太和欧洲两大经济圈，实现沿线国家和地区全方位、立体化、网络状的"大概念联通"。"一带一路"旨在借用古代丝绸之路的历史符号，高举和平发展的旗帜，积极发展与沿线国家的经济合作伙伴关系，共同打造政治互信、经济融合、文化包容的利益共同体、命运共同体和责任共同体。

经过 30 多年的改革开放，我国经济飞速发展，经济总量位居世界第二，在进出口贸易、外汇储备和外商投资额这三项经济指标上都高居世界第一。毋庸置疑，我国已经成为拉动世界经济增长的重要引擎。此外，我国正迎来"资本大输出时代"❶。分析认为，"一带一路"倡议把我国强大的产品制造能力与沿线相关国家的巨大市场需求联系起来，通过政策沟通、设施联通、贸易畅通、资金融通、民心相通这"五通"，将我国优质产能输送到沿线国家，让世界共享中国经济发展成果。

❶ 2015 年 10 月，汤森路透发布名为《中国企业全球化的机遇与挑战》白皮书，2014 年，中国对外直接投资（ODI）已经接近实际利用外国直接投资（FDI）。中国商务部数据显示，2014 年，中国境内投资者累计实现投资 1,160 亿美元，同比增长 7.6%，继续保持全球第三位的水平。如果算上通过第三地投资的数量，2013 年中国实际上就已经成为资本净输出国。

2. 顶层设计逐渐清晰

据了解，习近平主席在 2013 年 9 月和 10 月分别提出建设"丝绸之路经济带"和"21 世纪海上丝绸之路"的战略构想，由此，举世瞩目的"一带一路"倡议正式拉开帷幕。此后，"一带一路"多次在国家层面被强调：2015 年初，中央经济工作会议提出"'一带一路'是 2015 年区域发展的首要战略"，并于随后制定了"一带一路"线路图。2015 年 3 月，国家发改委、外交部、商务部经国务院授权联合发布了《推动共建丝绸之路经济带和 21 世纪海上丝绸之路的愿景与行动》，明确了"一带一路"建设的框架思路，提出构建陆海"六大经济走廊"❷。随着"一带一路"总体路线图和行动计划日渐明晰，"一带一路"进入战略实施新阶段，重点项目逐渐落地，国际合作成果逐渐显现。

3. "一带一路"推进时间表

梳理发现，"一带一路"的提出和落地，有一个明显的时间表，见表 1-1。

"一带一路"时间表　　　　　　　　　　　　　　　表 1-1

时间	重要事件
2013 年 9 月 7 日	习近平主席访问哈萨克斯坦时提出，用创新的合作模式，共同建设"丝绸之路经济带"，以点带面，从线到片，逐步形成区域大合作。这是中国领导人首次在国际场合公开提出共同建设"丝绸之路经济带"的重大战略构想
2013 年 10 月 3 日	习近平主席在印度尼西亚国会发表演讲时提出，中国致力于加强同东盟国家互联互通建设，倡议筹建亚洲基础设施投资银行，愿同东盟国家发展好海洋合作伙伴关系，共同建设 21 世纪"海上丝绸之路"
2013 年 12 月	习近平主席在中央经济工作会议上提出，推进"丝绸之路经济带"建设，抓紧制定战略规划，加强基础设施互联互通建设。建设"21 世纪海上丝绸之路"，加强海上通道互联互通建设，拉紧相互利益纽带
2014 年 2 月	国家主席习近平与俄罗斯总统普京就建设"丝绸之路经济带"和"海上丝绸之路"，以及俄罗斯跨欧亚铁路与"一带一路"的对接达成了共识
2014 年	习近平主席先后访问了 13 个周边国家，足迹遍及中亚、东南亚、东北亚、南亚等周边次区域，"一带一路"从构想迈入"务实合作阶段"
2014 年 3 月	李克强总理在《政府工作报告》提出，抓紧规划建设丝绸之路经济带、21 世纪海上丝绸之路
2014 年 11 月	习近平主席在中央财经领导小组第八次会议中强调，加快推进丝绸之路经济带和 21 世纪海上丝绸之路建设

❷　即陆上依托国际大通道，以沿线中心城市为支撑，以重点经贸产业园区为合作平台，共同打造新亚欧大陆桥、中蒙俄、中国－中亚－西亚、中国－中南半岛等国际经济合作走廊；海上以重点港口为节点，共同建设通畅安全高效的运输大通道。同时对中国"一带一路"沿线主要省份开放态势和工作重点提出了总体要求。

时间	重要事件
2014 年 11 月	习近平主席在 2014 年中国 APEC 峰会上宣布,中国将出资 400 亿美元成立丝路基金,为"一带一路"沿线国家基础设施建设、资源开发、产业合作等有关项目提供投融资支持。同时,亚洲基础设施投资银行筹建工作已经迈出实质性一步,创始成员国不久前在北京签署了政府间谅解备忘录
2014 年 12 月	2014 年中央经济工作会议提出优化经济发展空间格局。要重点实施"一带一路"、京津冀协同发展、长江经济带三大战略,争取 2015 年有个良好开局
2015 年 2 月	国家"一带一路"建设工作会议在北京召开,对重大事项和重点工作进行部署
2015 年 3 月	李克强总理在政府工作报告中三次提及"一带一路","一带一路"成了当年两会出现频率最高的词
2015 年 3 月	"一带一路"的愿景与行动文件发布。习近平主席在博鳌亚洲论坛 2015 年会发表主旨演讲时对"一带一路"做了重点阐释
2015 年 3 月	国家发改委、外交部和商务部共同发布了《推动共建丝绸之路经济带和 21 世纪海上丝绸之路的愿景与行动》的文件
2015 年 11 月	结合"一带一路"合作倡议和《中欧合作 2020 战略规划》,中国同中东欧 16 国共同发表《中国-中东欧国家中期合作规划》,推动"16＋1 合作"提质增效
2016 年 8 月	习近平主席在推进"一带一路"建设工作座谈会上称,已经有 100 多个国家和国际组织参与其中,我们同 30 多个沿线国家签署了共建"一带一路"合作协议,同 20 多个国家开展国际产能合作,联合国等国际组织也态度积极
2017 年 5 月 14～15 日	"一带一路"国际合作高峰论坛在北京举行

二、"一带一路"重点合作领域

2013 年以来,"一带一路"建设进度和成果超出预期。

"一带一路"沿线涵盖中亚、南亚、西亚、东南亚和中东欧等国家和地区,该区域主要是新兴经济体和发展中国家,是目前全球贸易和跨境投资增长最快的地区之一。2014～2016 年,中国同"一带一路"沿线国家贸易总额超过 3 万亿美元。

1. 中国企业海外投资驶入"快车道"

自"一带一路"倡议提出以来,中国企业对外投资驶入"快车道"。

商务部、国家统计局、国家外汇管理局发布的《2015 年度中国对外直接投资统计公报》显示，2015 年，我国对外直接投资创下 1456.7 亿美元的历史新高，占全球流量的份额由 2002 年的 0.4％提升至 9.9％，13 年间增长了 20 多倍，投资流量跃居全球第二。2015 年，中国企业共对"一带一路"沿线的 50 个国家进行了直接投资❸，投资额同比增长 18.2％❹。

　　商务部数据显示，2016 年，中国企业对全球 164 个国家和地区进行了直接投资，累计实现投资额 11300 亿元人民币（本书除特别注明外，货币名称均为人民币），折合美元 1700 亿，同比增长 44％；对外承包工程全年完成营业额 10589 亿人民币，折合美元 1594 亿，同比增长 3.5％；企业海外并购项目共计 742 起，实际交易金额 1072 亿美元。其中，中国企业与"一带一路"沿线国家合作成为亮点：2016 年，中国企业对"一带一路"沿线的 53 个国家非金融类直接投资 145.3 亿美元，对相关 61 个国家新签对外承包工程项目合同 8158 份，对外承包工程新签合同额 1260.3 亿美元，占同期我国对外承包工程新签合同额的 51.6％；完成营业额 759.7 亿美元，占同期总额的 47.7％，同比增长 9.7％。据介绍，亚洲 25 国是推进"一带一路"倡议的主要地区，截至 2017 年 4 月，中国已在 25 个国家沿线建立了 56 个经贸合作区❺，为中国企业走向"一带一路"打造了产业集群式"走出去"的平台，同时为有关国家创造近 11 亿美元税收和 18 万个就业岗位。

　　可以说，有了多年的"走出去"探索、经验和积累，在"一带一路"倡议助推下，我国企业"出海"步伐越来越快。

2. "一带一路"主要合作领域

　　构建"丝绸之路经济带"要创新合作模式，加强政策沟通、道路联通、贸易畅通、货币流通和民心相通，以点带面，从线到片，逐步形成区域大合作格局。2015 年 3 月，国家发展改革委、外交部、商务部联合发布《推动共建丝绸之路经济带和 21 世纪海上丝绸之路的愿景与行动》（以下简称《愿景与行动》）强调政策沟通、设施联通、贸易畅通、资金融通和民心相通。这"五通"中，设施联通是"一带一路"倡议的优先领域，包括修桥建路、油气管道、输电网等。在尊

---

　　❸ 从投资存量看，截至 2015 年末，位列前 10 的国家是：新加坡、俄罗斯、印度尼西亚、哈萨克斯坦、老挝、阿联酋、缅甸、巴基斯坦、印度和蒙古，对以上十国投资存量总额占全球存量总额的 74％。

　　❹ 仅 2015 年 1～4 月，我国企业在"一带一路"沿线国家承包工程业务就完成营业额 185.7 亿美元，同比增长 10.9％。再从产业发展看，"一带一路"倡议为我国的高铁、核电等重大装备提供了广阔的市场空间。

　　❺ 此外，我国已经构建、参与了上海合作组织、中国—东盟"10＋1"、亚太经合组织、亚欧会议、亚洲合作对话、亚信会议、中阿合作论坛、中国—海合会战略对话、大湄公河次区域经济合作、中亚区域经济合作等多边合作的渠道。我国还积极推动与相关国家签署合作备忘录或合作规划，建设一批双边合作示范，并与"一带一路"沿线的多个国家签订了投资协议。

重相关国家主权和安全关切的基础上，沿线国家宜加强基础设施建设规划、技术标准体系的对接，共同推进国际骨干通道建设，逐步形成连接亚洲各次区域以及亚欧非之间的基础设施网络。《愿景与行动》还指出，加强能源基础设施互联互通合作，共同维护输油、输气管道等运输通道安全，推进跨境电力与输电通道建设，积极开展区域电网升级改造合作。共同推进跨境光缆等通信干线网络建设，提高国际通信互联互通水平，畅通信息丝绸之路。加快推进双边跨境光缆等建设，规划建设洲际海底光缆项目，完善空中（卫星）信息通道，扩大信息交流与合作。

3. 基础设施建设重点合作领域

据介绍，基础设施建设主要包括以下六大类：第一类是铁路、公路、航空、水运等交通运输领域；第二类是城市供排水、污水处理等环保领域；第三类是石油、煤炭、天然气、电力等能源动力领域；第四类是住宅区、别墅、公寓等居住建筑领域；第五类是高档酒店、商场、写字楼、办公楼等办公商用建筑领域；第六类是与电信、通信、信息网络相关的邮电通讯领域。下面就相关领域分别作介绍。

（1）交通运输领域

所谓"道路通，百业兴"。交通运输领域的发展有利于促进"一带一路"沿线各国交通基础设施互联互通，形成区域交通运输一体化。"一带一路"建设过程中，交通运输行业是优先大力发展的领域，具体主要包括公路、铁路、港口、航空等交通基础设施的建设和运营。2017年5月，国家主席习近平在"一带一路"国际合作高峰论坛开幕式上的主旨演讲明确指出设施联通是合作发展的基础。

据普华永道预测，至2020年，全球交通基础设施领域的市场规模将达到3.2万亿英镑，其中亚太地区市场未来10年将实现年均7％～8％的增长，并在2025年接近5.3万亿美元。"一带一路"沿线的亚、非、拉地区国家大多是新兴经济体和发展中国家，交通基础设施建设仍处于起步阶段，因此对改善公路、高铁、港口、机场等交通基础设施落后现状愿望强烈。

（2）能源领域

能源领域主要包括油气、电力管道及相关设备建设等。"一带一路"沿线国家集中了俄罗斯、中亚国家及中东地区的重要油气资源国，覆盖了全球五成以上的石油供给潜力和七成以上的天然气供给潜力。

我国能源结构属于"富煤缺油少气"，对油气资源依存度高，这与"一带一路"沿线国家富裕的油气资源形成很强的互补关系。以俄罗斯、中亚和中东地区为例，该国家和地区是我国重要油气进口地：2016年，我国原油进口总量的

61.8%来自于俄罗斯和中东，天然气进口总量的50%来自于中亚。同时，我国也是俄罗斯、中亚、中东地区国家的最重要的油气出口地。因此，包括油气管道在内的基础设施建设尤为重要。

此外，电力是"一带一路"建设国际合作的重点领域。"一带一路"沿线国家人均电力装机为330W，远低于世界平均水平的800W。其中南亚、东南亚、西亚和北非四个地区的人均装机容量水平最低，除新加坡外，东南亚地区的人均装机略高于300W，南亚则只有150W左右。

(3) 通信和互联网领域

"一带一路"重在互联互通，互联互通重在网络先行。当下包括"一带一路"沿线国家在内的世界各国都在大力发展互联网数字化技术。互联互通不仅包括公路、铁路、航空、港口等交通基础设施，还包括互联网、通信网、物联网等通信基础设施。由国家发展改革委、外交部、商务部联合发布的《愿景与行动》指出，共同推进跨境光缆等通信干线网络建设，提高国际通信互联互通水平，畅通信息丝绸之路。加快推进双边跨境光缆等建设，规划建设洲际海底光缆项目，完善空中（卫星）信息通道，扩大信息交流与合作。

(4) 文化领域

文化是"一带一路"的灵魂，是沿线国家心灵沟通的媒介。"一带一路"沿线国家历史悠久文化灿烂。"一带一路"强调的"五通"之一便是"民心相通"。民心联通是"一带一路"倡议核心领域，包括教育、旅游、医疗、科技、文化等多层面的合作。民心相通是"一带一路"建设的社会根基，通过广泛开展文化交流、学术往来、人才交流合作、媒体合作、青年和妇女交往、志愿者服务等，为深化双多边合作奠定坚实的民意基础。此外，在"一带一路"倡议的推进下，公路、高铁、港口、航空等交通基础设施日益便利，为这推进沿线各国文化交流、心灵沟通奠定了坚实的基础。

三、央企引领"一带一路"投资

"一带一路"计划有三大投资切入口：一是铁路、港口、航空、路桥等基础设施的联通联动；二是境外合作区的建立；三是帮助"一带一路"沿线国家工业化的形成与发展。中国企业十分重视"一带一路"基础设施建设，既能够帮助沿线各国实现互联互通，拉动沿线各国经济增长，又能够解决当地居民的劳动就业，提高其经济收入，达到了"多赢"的效果。

1. 中国企业投资"一带一路"基础设施建设

"一带一路"建设联通亚、非、欧大陆。分析指出，陆上"丝绸之路"分三大走向：一是从中国西北、东北经中亚、俄罗斯至欧洲、波罗的海；二是从中国西北经中亚、西亚至波斯湾、地中海；三是从中国西南经中南半岛至印度洋。将依托于国际大通道建设，以沿线中心城市为支撑，以重点经贸产业园区为合作平台，共同打造新亚欧大陆、中蒙俄、中国—中亚—西亚、中国—中南半岛等国际经济合作走廊；"21世纪海上丝绸之路"分两大走向：一是从中国沿海港口过南海，经马六甲海峡到印度洋，延伸至欧洲；二是从中国沿海港口过南海，向南太平洋延伸。将以重点港口为节点，共同建设畅通安全高效的运输大通道。并与中巴、孟中印缅两个经济走廊建设相结合，进一步推动合作共赢。

目前全球经济正处于弱周期时期，基础设施建投资成为"一带一路"沿线各国经济发展的重要动力。公开资料显示，在"一带一路"沿线国家中，有9个国家与中国实现了铁路联通、28个国家与中国有直航城市、58个国家与中国实现了海路联通。其中，同时与中国有直航城市、铁路相通、海路相通的国家有4个；仅与中国有直航城市、海路相通的国家有21个；仅与中国有直航城市、铁路相通的国家有1个；仅与中国海路、铁路相通的国家有4个；仅与中国有直航城市的国家有2个；仅与中国海路相通的国家有29个；另外仅有2个国家与中国既无直航城市，也未实现海路、铁路相通。

普华永道于2017年2月发布的研究报告显示，2016年在"一带一路"沿线国家的核心基建项目及交易总额超过4930亿美元，涉及公用事业、交通、电信、社会、建设、能源和环境等七大行业。其中，中国占投资总金额的三分之一。

2. "一带一路"建设成果显著

截至2017年5月底，已有100多个国家和国际组织积极响应倡议，表示出对"一带一路"的支持和参与意愿。不仅如此，我国还先后与"一带一路"沿线国家和相关国际组织签署了50多份"一带一路"政府间合作协议，这为我国投资"一带一路"奠定了坚实的基础。

事实上，自2013年我国提出"一带一路"倡议以来，"一带一路"建设取得令人瞩目的成绩，一大批具有国内和国际影响力的标志性项目相继落地。

3. 央企引领"一带一路"投资

据介绍，"一带一路"倡议提出以来，我国在沿线国家签订多项重大电力投资项目。其中以发电项目居多，中亚以火电为主、非洲则以水电为主，电网项目主要是输变电工程总包项目，合作地域主要在东南亚和非洲。

"一带一路"倡议背景下，中国企业积极投资沿线国家。截至 2016 年底，中国中铁累计实现海外新签合同总额 874 亿美元，完成营业额 406 亿美元；全公司从事海外业务的员工 7832 人，雇佣所在国员工 38391 人。仅 2016 年，中国电建在"一带一路"沿线 35 个国家执行 479 份项目，合同金额达 2170 亿元，新签合同 636.14 亿元。中国建设科技集团紧跟"一带一路"倡议，参与了中白工业园一期起步区市政基础设施工程、厦门翔安国际机场、印度哈里亚纳邦 12km^2 的万达产业新城概念规划项目、华为阿联酋-数据机房 BIM 咨询项目、柬埔寨金边超高层等。

调研发现，央企在"一带一路"建设中发挥着重要的作用，扮演着引领者的角色，主要体现三个方面：一是铁路、公路、通信网络等基建领域，二是能源资源合作领域，三是产业投资和园区建设领域。据媒体统计，截至 2017 年初，中国机械工业集团有限公司、中国交通建设集团有限公司、国家电网公司、中国移动通信集团公司等四家央企以及丝路基金、中国进出口银行、中国出口信用保险公司等三家金融机构在"一带一路"沿线国家投资近 5 万亿人民币（5766 亿美元和 11500 亿人民币，按美元兑人民币汇率为 6.5 计算）。

4. "一带一路"央企先行者

在我国经济发展进入新常态的大背景下，近年来，海外市场成为众多央企、国企以及具有实力的民企❻瞄准的市场目标。我国企业不断对外拓展市场，寻找投资新机遇。以基础设施建设为例，梳理发现，目前业务遍布"一带一路"等海外市场的中国基建公司主要有中国电建、中国交建、中国建筑、中国中铁、中国铁建、中国中冶、葛洲坝集团、中工国际等。

作为"一带一路"倡议的先行者，葛洲坝集团技术实力雄厚、项目管理理念先进、国际经营经验丰富、投资融资优势明显，在 2016 年商务部公布的中国 4000 多家"走出去"企业国际签约额中名列第 5 位，被誉为中国企业"走出去"标杆和"一带一路"领军企业。

葛洲坝集团积极践行国家"走出去"战略，实现了国际工程承包和海外投资双轮驱动、协调发展。近年来，葛洲坝集团国际业务快速增长，已经形成了较为完善的全球市场布局，百余家海外分支机构遍及五大洲，全面覆盖了"一带一路"沿线 90% 以上的国家，在建国际项目 100 余个。其中，30 多个项目集中在

---

❻ 2017 年 8 月，由全国工商联发布的"2017 中国民营企业 500 强"榜单揭晓。数据显示，2016 年民营企业 500 强中有 210 家参与"一带一路"建设，占 54.69%；有 168 家企业参与长江经济带建设，占 33.6%；有 116 家企业参与京津冀一体化建设，占 23.18%。

"一带一路"沿线国家，合同总金额达 100 亿美元，业务范围包括水电、公路、铁路、港口、房建、输变电等十多个领域。

据不完全统计，葛洲坝集团在"一带一路"沿线或辐射区域中标了 55 亿美元的阿根廷基塞水电站项目、45 亿美元的安哥拉卡古路卡巴萨水电站项目、25 亿美元的巴基斯坦 N—J 水电项目❼、19 亿美元的巴基斯坦 DASU 水电项目，持续引领中国企业"走出去"。

近五年来，葛洲坝集团国际业务签约、完成营业收入、实现利润均保持 20% 以上复合增长率的跨越式发展。2016 年，葛洲坝集团成立海外投资公司，加大海外 PPP、BOT 项目以及海外并购力度，成功投资运作了巴基斯坦 SK 水电站和哈萨克斯坦水泥项目，收购了巴西圣保罗供水公司。

2017 年 8 月，由葛洲坝集团承建的俄罗斯阿穆尔天然气加工厂项目 P1 标段正式开工。阿穆尔天然气项目是俄最大的天然气加工项目，也是俄近 50 年来实施的最大项目。该项目是俄东部天然气计划的一部分，将为实施俄远东地区的天然气化、促进俄远东社会经济发展发挥关键作用，并保证俄按计划向中国出口天然气❽。据介绍，俄罗斯已经成为葛洲坝集团的重要战略市场。同月，由葛洲坝集团承建的非洲最大水电站——安哥拉卡古路·卡巴萨水电站开工，该水电站被誉为"非洲三峡工程"。电站建成后将满足安哥拉 50% 以上供电需求，可减少石油和煤炭资源的消耗 273.3 万 t/年，减少温室气体排放量 720 万 t/年；库区形成后，能够大幅改善水资源利用条件，为周边民众提供更为优质的水源。该水电站作为安哥拉乃至非洲截至目前最大的水电站，对未来安哥拉经济建设至关重要。该项目将在解决电力短缺、扩大就业、人才培养等方面起到积极作用❾。

附："一带一路"重大工程

截至 2017 年 5 月，40 多家央企共建"一带一路"项目达 1600 多个，部分"一带一路"重大工程见表 1-2。

---

❼ 巴基斯坦 N—J 水电工程被称为巴基斯坦的"三峡工程"，是巴基斯坦政府为解决能源危机优先实施的能源工程。水电站建成后，总装机容量 969MW，电站机组 2018 年全部发电后，年发电量约为 51.5 亿 kW·时，占巴基斯坦水电发电量的 12%。本项目为当地提供了 5000 多个就业岗位，培育了大批高技能、高素质的优秀人才，积极支持当地教育、基础设施建设等公益事业。

❽ 阿穆尔天然气加工厂项目位于俄罗斯阿穆尔州斯沃博金区，距离中国黑河约 200km，是中俄第二条大型能源走廊——中俄天然气管道东线的源头，设计能力为年加工天然气 420 亿 m^3，年产氦气 600 万 m^3。该项目建成后将成为世界最大的天然气处理厂之一，对实现中国天然气进口多元化、保障能源供应安全、改善管道沿线区域生态环境、拉动中俄两国经济持续稳定增长具有重要意义。

❾ 项目建设高峰期将为当地提供近万个就业岗位。葛洲坝集团还将负责电站四年的运行和维护，并为安哥拉培训一批专业的电站运营管理和技术人才。

部分"一带一路"重大工程　　　　　　　　　　　　　　　表 1-2

国家/地区	项目名称	备　　注
巴基斯坦	瓜达尔港	瓜达尔是位于巴基斯坦西南海岸边陲地区一个贫穷的小渔村,其所在的俾路支省也是巴基斯坦最为贫困、最为落后、人口最稀少的省份。2002 年,在中国政府的资金和技术援助下,瓜达尔港开工兴建,建成了一个拥有三个 2 万 t 级泊位的深水港,与东海岸的巴基斯坦重镇卡拉奇港形成掎角之势。港口在 2007 年交由新加坡国际港务公司管理运营和维护发展,于 2008 年启用。2013年初,瓜达尔港的运营权移交给中国海外港口控股有限公司。2016 年 11 月,由中资公司建设、运营的瓜达尔港正式通航
阿富汗	帕尔万水利灌溉工程	原先帕尔万水利工程的灌溉能力为 2.5 万 ha,后来最多也只有 1 万 ha。修复帕尔万水利工程将有助于恢复这一带的农业生产,从而带动该地区的农产品出口,对帕尔万乃至阿富汗全国都有重要的经济意义
苏丹	非洲目前在建的最大水电项目麦罗维大坝	位于苏丹首都喀土穆以北约 350km 处,包含五种坝型,全长 9285m,是世界上最长的大坝。电站装机 1250MW。水库建成后将蓄水 125 亿 m³,并通过麦罗维电站使下游 400km 范围内形成自流灌溉,解决尼罗河两岸 400 万人的生产和生活用水问题。2003 年 6 月,由中国水利电力对外公司作为牵头公司与中国水利水电建设集团公司强强联手,一举夺得麦罗维大坝土建工程承包合同。工程在 2003 年 7 月正式开工,历时 5 年半建设完成
哈萨克斯坦	中亚天然气管道	2013 年 9 月,哈萨克斯坦南线天然气管道项目工程一阶段线路工程,历经 14 个月的建设正式通气。这一以中亚天然气管道为依托的项目将哈萨克斯坦西部充沛的天然气资源输送到南部,主要用于当地生活用气,造福沿线 14 个主要城市及其城镇和数百万人
斯里兰卡	建设中的南亚第一大港汉班托特港	汉班托特港口发展项目一期工程 2008 年 1 月 15 日开工。一期工程主要包括 10 万 t 多用途码头两个、10 万 t 油码头一个、工作船码头一个
伊朗	德黑兰地铁	伊朗首都德黑兰 5 条地铁线全部由中国公司承建,其中德黑兰地铁 1、2 号线由中信国际承建,3、4、5 号线由北方国际承建;地铁车辆由中伊合资的德黑兰轨道车辆制造公司(由中国的北方国际合作股份有限公司、中国中车长春轨道客车股份有限公司和伊朗绿菠萝工业集团在伊朗合资成立)提供
孟加拉	中国内燃动车组项目牵引及网络控制系统出口孟加拉	2012 年,中国北车大连电力牵引研发中心获得孟加拉国铁路内燃动车组项目牵引及网络控制系统配套合同。这是中国轨道交通装备企业首次为海外车辆配套牵引及网络控制系统。该项目共配套 20 列(60 辆)车,其中包含网络系统 20 套,牵引逆变器 40台,辅助逆变器 40 台
柬埔寨	中国援建 62 号公路修复项目	62 号公路是连接柬埔寨北部边境与首都金边的重要交通干线,全长 128km,由中国政府提供优惠贷款建设,中国上海建工集团承建

续表

国家/地区	项目名称	备 注
缅甸	水津水电站	2011 年 10 月,由中国葛洲坝集团提供技术支持的缅甸水津水电站工程项目正式竣工投产。水津水电站坐落于缅甸勃固省水津镇东北 6km 处,是缅甸电力一部自筹资金建设的项目,中国葛洲坝集团国际工程有限公司负责机电设备设计、供货、安装和技术指导。水津水电站共有四台机组,设计总容量 7.5 万 kW
老挝	老挝南乌江流域、南康 3 水电站开发协议	2012 年 2 月,中国电建集团所属水电股份公司与老挝政府在老挝首都万象签订了南乌江流域开发(七级电站)第一期 2 级、5 级、6 级项目的电价谅解备忘录以及老挝南康 3 个水电站项目 EPC 总承包协议。南康 3 个项目位于老挝北部琅勃拉邦省,距离琅勃拉邦省府约 70km,装机容量为 2×3 万 W(6 万 kW),年发电量 2.4 亿 kW·时。合同总额约 1.27 亿美元。项目建成后将进一步改善琅勃拉邦省的供电情况,并为城市供水提供优质的水源,改善周边的供水情况,促进流域地区的旅游业和工业的发展,创造就业机会,带动当地社会和经济的发展
阿联酋	中国公司石油仓储合资项目	2015 年 3 月,由中石化冠德控股有限公司(中国石化海外仓储物流专业公司)在海外投资建设完成的第一个石油仓储合资项目——富查伊拉石油仓储公司竣工投产。合资石油仓储项目自 2013 年 3 月开始施工建设,预算投资 3.42 亿美元,建有原油、成品油储罐 34 个,共计 117 万 m³ 罐容,并新建长约 1km 的 6 条输油管道连接到富查伊拉港现有油码头的公共阀组,以满足装、卸油品需要
巴基斯坦	"中巴友谊路"喀喇昆仑公路改扩建工程	2008 年 2 月,由中国路桥工程有限责任公司负责实施的喀喇昆仑公路改扩建项目正式启动。喀喇昆仑公路又称中巴友谊公路,东起我国新疆喀什,穿越喀喇昆仑、兴都库什和喜马拉雅三大山脉,经过中巴边境口岸红其拉甫山口,直达巴基斯坦北部城镇塔科特,全长 1224km,全线海拔 600~4700m
塔吉克斯坦	中亚第一隧道——"沙赫里斯坦"隧道	2012 年,中国路桥工程有限责任公司在海拔近 3000m、地质情况极为复杂的情况下,历时 6 年,建成了中亚第一隧道——"沙赫里斯坦"隧道。这也是目前我国在海外建设的单体最长隧道。通车前,从首都杜尚别到北方第二大城市苦盏要走差不多 10 多个小时盘山路。通车后,早上 7 点从杜尚别出发,中午就能到达苦盏
埃塞俄比亚	埃塞吉布提铁路电气化铁路	铁路为东非地区首条现代化跨境铁路,全长约 770km,是中国企业在海外首次采用全套"中国标准"修建的电气化铁路,从设计、施工、监理,到轨料、施工装备、通讯信号和电气化设备、机车车辆,全部使用中国技术和产品。全线采用中国二级电气化铁路标准,设计时速 120km,总投资约 40 亿美元,其中约 70% 由中国进出口银行提供优惠贷款。中国铁建所属中土集团承担其中吉布提境内 100km 及埃塞米埃索至吉布提边境 340km 的工程建设,中铁二局承建埃塞境内米埃索至亚的斯亚贝巴的 330km

续表

国家/地区	项目名称	备　注
乌兹别克斯坦	合资工业园区生产乌兹别克斯坦智能手机	中兴通讯于 2012 年开始在乌兹别克斯坦生产智能手机。为落实该项目,中兴与中乌合资企业鹏盛公司在乌兹别克斯坦注册成立了 UZTE 公司。公司项目还包括开发生产平板电脑和互联网机顶盒。UZTE 公司位于鹏盛公司于 2011 年在乌兹别克斯坦中部锡尔河州建造的工业园区,年设计生产能力为 5000 件
土耳其	安卡拉—伊斯坦布尔高铁	安卡拉至伊斯坦布尔高速铁路全长 533km,设计时速为 250km,其中最艰巨的 158km 路段由中国铁建股份有限公司、中国机械进出口公司以及土耳其两家公司负责承建。中方施工人员最多曾达到 300 多人,负责高铁的铺轨、电网、电气化、通信等工程,土方公司负责桥梁、隧道等土建工程
肯尼亚	东非第一大港蒙巴萨港 19 号泊位	2010 年,中国路桥公司与肯尼亚港务局签署协议,在蒙巴萨港建设长 240m 的 19 号泊位以及 6.9 万 m² 后方堆场。2013 年 8 月,19 号泊位举行启用仪式。该港原有吞吐量 2200 万 t,在 19 号泊位竣工后,蒙巴萨港集装箱吞吐量预计将增加 25%,每天可增加库存量约 4000~5000 箱
肯尼亚	蒙内铁路(蒙巴萨港-内罗毕)	蒙内铁路是东非铁路网的起始段,连接肯尼亚首都内罗毕和东非第一大港蒙巴萨港,全长 480km。该项目正线采用单线,为内燃机系统,设计客运时速 120km,货运时速 80km,设计运力 2500 万 t,采用中国国铁一级标准进行设计施工。远期规划,连接肯尼亚、坦桑尼亚、乌干达、卢旺达、布隆迪和南苏丹等东非 6 国。蒙内铁路是中国帮助肯尼亚修建的一条全线采用中国标准的标轨铁路,是肯尼亚实现 2030 年国家发展愿景的"旗舰工程",于 2014 年 9 月开工,2017 年 5 月 31 日建成通车
斯里兰卡	首都科伦坡南港码头	南港码头由中国招商局国际有限公司和斯里兰卡国家港务局合作建设,项目投资额为 5.5 亿美元,是迄今斯里兰卡已投入运营的最大外商投资项目,也是斯里兰卡批准的首批重要发展战略项目之一,更是中斯共建海上丝路务实对接标杆性项目,自 2014 年提前竣工投入运营后经济社会效益双凸显
中欧	中欧班列	全国 27 座城市已开通中欧班列线路 51 条,到达欧洲 11 个国家的 28 座城市。自 2011 年 3 月开行以来,截至 2017 年 4 月已累计开行 3000 多列,成国际物流陆路运输的骨干通道
印尼	雅万高铁(雅加达—万隆)	雅加达—万隆高铁是首个采用中国技术、中国标准、中国装备的综合系统性境外高铁项目,建成后,将成为印尼乃至东南亚第一条高铁
俄罗斯莫斯科	喀山高铁	莫斯科-喀山高铁建成后,莫斯科至喀山的列车运行时间将从现在的 14 小时缩短到 3.5 小时
希腊	比雷埃夫斯港	比雷埃夫斯港是希腊最大的港口。2016 年 8 月,中国企业正式成为比港港务局的大股东,开始接管经营
塞尔维亚	泽蒙—博尔察大桥	泽蒙—博尔察大桥是中国在欧洲修建的首座大桥,设计与施工均由中国企业主导完成。2014 年 12 月建成通车,结束了近 70 年来贝尔格莱德市多瑙河上仅有一座大桥的历史

国家/地区	项目名称	备　注
孟加拉	帕德玛大桥	帕德玛大桥于 2016 年 8 月动工,是迄今中国企业承建的最大海外桥梁工程,建成后将彻底结束孟加拉国南部 21 个区与首都达卡之间居民摆渡往来的历史
缅甸	中缅油气管道项目	中缅油气管道项目是中国第四条能源进口战略通道。它包括原油管道和天然气管道,可以使原油运输不经过马六甲海峡,从西南地区输送到中国
英国	欣克利角 C 核电项目	欣克利角 C 核电项目是英国 20 年以来第一个新建核电站,由中法两国企业共同投资建设,将使英法两国核电工业共同受益
沙特	延布炼厂	沙特延布炼厂是中国在沙特最大的投资项目,也是中国石化首个海外炼化项目
埃及	输电线路项目	埃及 EETC 500kV 输电线路项目是中埃产能合作首个成功签约项目,也是目前埃及规模最大、电压等级最高的输电线路工程
白俄罗斯	中国-白俄罗斯工业	园区名为"巨石",总面积达 91.5km² ,被认为是丝绸之路经济带上的新地标。园区于 2014 年 6 月奠基,总建设期规划为 30 年,分三期建设
马来西亚	马中关丹产业园	马中关丹产业园于 2013 年正式开园,与中马钦州产业园组成中马"两国双园",是中马两国领导人直接倡议和推动的重大合作项目
柬埔寨	西哈努克港经济特区	西哈努克港经济特区是中国首批境外经贸合作区之一,也是柬埔寨政府批准的该国最大经济特区。特区以纺织服装、五金机械、轻工家电等为主导产业

四、中国企业加速"走出去"

近年来,"走出去"成为近年来中国企业开展对外投资、建设、合作的关键词,同时也是国际经济的一大亮点。

1. "一带一路"商机巨大

"一带一路"沿线大多是正处于经济发展上升期的新兴经济体和发展中国家❿。根据世界经济论坛发布的《全球竞争力报告 2016—2017》,"一带一路"沿线国家和地区基建水平分层现象明显,为数不少的沿线国家和地区为中低收入国家。

---

❿ 世界银行数据显示,2015 年"一带一路"沿线国家(包括中国)的 GDP 约为 24.86 万亿美元,占到全球经济总量的三分之一左右,人口共计 47.5 亿人,占比更在 60% 以上。其中,丝绸之路经济带沿线国家的 GDP 总量为 8 万亿美元,约 20 亿人,21 世纪海上丝绸之路周边国家经济总量 6 万亿美元,人口约 13 亿。2016 年"一带一路"沿线 64 个国家对外贸易总额约为 71885.5 亿美元,占全球贸易总额的 21.7%。

对不断"走出去"的中国企业来说,"一带一路"蕴藏着巨大的商机。以基础设施建设为例,"一带一路"涉及 60 多个国家和地区的 90 多个港口和城市,重点项目达到几千个。其中,基础设施项目至少三四百个,投资规模高达 60 万亿美元。

2. "一带一路"建设契合各方利益

如果说,"一带一路"是一场大合唱,沿线 60 多个国家都是这个大合唱的主角,都在为这场大合唱贡献美妙的音符。

"一带一路"建设既有利于中国经济的持续发展、中国高新技术和资本发挥巨大的作用,同时也有利于沿线国家的经济发展、基础设施完善和劳动力就业。可以说,"一带一路"建设契合各方的利益。

一方面,作为世界制造业大国,在经过多年的积累和对外贸易后,中国企业已经积累了雄厚的资本、先进的技术和成熟的管理经验,已经具备了"走出去"的能力。而"一带一路"沿线国家蕴含着巨大的市场空间和潜力,中国有能力有意愿对外提供过硬的设备和技术支持,比如帮助沿线国家和地区大力建设公路、高铁、桥梁、航空、港口、水库等重要的基础设施。此外,通过"一带一路"建设,还可以促进我国产业转型升级、提升我国企业的国际竞争力:近年来,在经历了 30 多年的经济高速增长后,我国面临经济转型和产业结构调整,突出表现在珠三角、长三角等经济发达地区遇到发展的瓶颈,如人口红利消失、招工难、原材料成本和人工成本不断攀升、订单下滑、利润持续降低等。

另一方面,"一带一路"沿线大多数国家基础设施薄弱,尚处在工业化初期阶段,经济发展的特点是对能源和矿产等资源依存度高。根据世界银行发布的物流绩效指数数据,2014 年,有数据显示的"一带一路"60 个沿线国家中,超过三分之二的国家反映贸易和运输相关基础设施质量的物流绩效指数以及超过一半以上国家的综合分数都在 3 以下❶。其中,中国为 3.5,中亚五国仅为 2.5,俄罗斯为 2.35,土耳其为 3.2,欧洲平均为 4。

当前,"一带一路"多数国家需要大量的资金开挖能源、铺设管道、修筑道路、港口以及各种专业的机械和交通运输设备,而这些正是我国企业的优势所在。因此,"一带一路"建设不仅会有效实现中国企业的对外开放,还会促进沿线国家经济快速发展。双方可谓优势互补,两全其美。

3. 共建共赢成效显著

共建共赢是"一带一路"倡议的重要内涵。

---

❶ 物流绩效指标低说明"一带一路"沿线国家基础设施硬件互联互通水平较低、交通与物流的便利化程度较低、政府公共服务水平不高以及难以实现与全球运输与网络高效对接等问题。

数据最有说服力，从"一带一路"建设来看，可以用"成效显著"来概括，重点体现在三个方面：一是拉动当地经济增长；二是增加当地就业；三是改善当地产业结构，见表1-3。

<table>
</table>

"一带一路""绩效"表　　　　　　　　　　　　　　　　表1-3

国家项目	参与的中国企业	项目成效
肯尼亚	中国交建	蒙内铁路(蒙巴萨港—内罗毕)直接雇佣当地劳动力超过3.7万人。铁路在建设过程当中已经为肯尼亚GDP的增长贡献了超过1个百分点，建成以后对GDP的贡献将超过2个百分点
哈萨克斯阿克纠宾公司	中石油	哈萨克斯阿克纠宾公司纳税额占当地税收的70%，提供了3万多个就业岗位
印度尼西亚	中石油	中石油共有2400多名员工，其中中方只有19人，员工本土化率达到99%以上
巴基斯坦	中国交建	通过中巴经济走廊建设，巴基斯坦将有1500万人受益

第二章　PPP 模式天然契合"一带一路"

就"一带一路"沿线国家而言，基础设施建设普遍不完善，资金需求量巨大，需要运用 PPP 模式，整合"一带一路"沿线国家的政府、社会资本力量，并借助亚洲基础设施投资银行、丝路基金、金砖国家新开发银行、上合组织开发银行以及亚洲开发银行、世界银行等国际金融机构的力量，一起推进"一带一路"沿线国家的基础设施建设。

一、"一带一路"资金缺口巨大

"一带一路"倡议新征程已然开启，项目如何落地以及如何为项目提供强有力的资金保障成为当务之急。

1."一带一路"基建需求每年达万亿美元

调研发现，"一带一路"建设资金需求旺盛。以基础设施建设为例，基础设施是社会公众生活与企业生产共同的物质基础，是城市正常运行的保证，基础设施建设是"一带一路"沿线国家最基本、最迫切的现实需求之一，最主要的原因是"一带一路"沿线国家很多都是发展中国家，比起其他国家尤其是欧美发达国家，基础设施较为薄弱，为发展国家经济，解决劳动力就业，提高国民生活水平，沿线国家对于基础设施建设有相当旺盛的现实需求。以总体基建投入约占GDP 的 5‰ 进行估算，根据世界银行的数据测算，2015 年包括中国在内的"一带一路"沿线国家的 GDP 约为 24.86 万亿美元，沿线对基建的需求每年约为1.24 万亿美元❿。亚洲开发银行发布的题为《满足亚洲基础设施建设需求》的报告指出，到 2030 年其基础设施建设需求总计将超过 22.6 万亿美元（每年 1.5万亿美元）。若将气候变化减缓及适应成本考虑在内，此预测数据将提高到 26 万亿美元（每年 1.7 万亿美元）。

---

❿　根据亚洲开发银行预测，仅亚洲区域基础设施建设，到 2030 年每年需要投资超过 1.7 万亿美元，是目前投资额 8810 亿美元的两倍。

2. "一带一路"沿线资金缺口巨大

调研报告显示，除中国外，"一带一路"其他 65 个国家和地区❸未来每年的投资需求达到 8000 亿美元。而国际金融机构中，亚洲开发银行和世界银行每年只能筹到 240 亿美元，通过亚洲基础设施投资银行每年可融资 4000 亿美元。如果再加上丝路基金，也无法满足"一带一路"基础设施建设。"一带一路"资金完全可以用"杯水车薪"来形容。

具体来说，目前"一带一路"融资来源主要包括"四大资金池"：一是亚洲基础设施投资银行，资本规模 1000 亿美元，其中中国出资 400 亿美元；二是丝路基金，首期规模为 400 亿美元，资金来源为外汇储备、中国投资公司、中国进出口银行、国开金融，资本比例分别为 65％、15％、15％、5％；三是金砖国家银行，资本金规模 1000 亿美元；四是上合组织开发银行，见表 2-1。

"一带一路"四大资金池　　　　　　　　　　　表 2-1

	性质	投向	定位	初始投入
亚洲基础设施投资银行	区域多边金融开发机构	签署《筹建亚投行备忘录》的 24 个成员国	基础设施建设	法定资本为 1000 亿美元
丝路基金	主权投资基金	"一带一路"沿线国家、地区	基础设施、资源开发、产业合作和金融合作等	总规模 400 亿美元，首期资本金 100 亿美元中，初定由外汇储备出资占比 65％，中国进出口银行和中投公司各出资占比 15％，国开金融占比 5％
金砖国家新开发银行	区域多边金融开发机构	5 个金砖国家：巴西、俄罗斯、印度、中国、南非	基础设施建设	初始资本为 1000 亿美元，由 5 个创始成员国平均出资
上合组织开发银行	区域多边金融开发机构	6 个上合组织成员国：中国、俄罗斯联邦、哈萨克斯坦、吉尔吉斯斯坦、塔吉克斯坦、乌兹别克斯坦	上合组织间能源、交通和现代信息技术领域示范性项目	

❸ "一带一路"涉及除中国外 65 个国家和地区，包括东亚的蒙古，东盟 10 国（新加坡、马来西亚、印度尼西亚、缅甸、泰国、老挝、柬埔寨、越南、文莱和菲律宾），西亚 18 国（伊朗、伊拉克、土耳其、叙利亚、约旦、黎巴嫩、以色列、巴勒斯坦、沙特阿拉伯、也门、阿曼、阿联酋、卡塔尔、科威特、巴林、希腊、塞浦路斯和埃及的西奈半岛），南亚 8 国（印度、巴基斯坦、孟加拉、阿富汗、斯里兰卡、马尔代夫、尼泊尔和不丹），中亚 5 国（哈萨克斯坦、乌兹别克斯坦、土库曼斯坦、塔吉克斯坦和吉尔吉斯斯坦），独联体 7 国（俄罗斯、乌克兰、白俄罗斯、格鲁吉亚、阿塞拜疆、亚美尼亚和摩尔多瓦）和中东欧 16 国（波兰、立陶宛、爱沙尼亚、拉脱维亚、捷克、斯洛伐克、匈牙利、斯洛文尼亚、克罗地亚、波黑、黑山、塞尔维亚、阿尔巴尼亚、罗马尼亚、保加利亚和马其顿）。

研究发现,上述"四大资金池"基本做到了对"一带一路"沿线国家和地区的全面覆盖。

(1)亚洲基础设施投资银行是"一带一路"倡议的重要支撑,截至 2017 年 5 月,该行已拥有 77 个正式成员国,与"一带一路"沿线国家在地理位置上存在较大程度的重合,与"一带一路"倡议天然契合,满足"一带一路"建设产生的资金需求。

(2)丝路基金是"一带一路"建设最重要的资金来源,自 2015 年 4 月签下"首单"即投资中巴经济走廊优先实施项目之一的卡洛特水电站以来,其投资规模已经超过 60 亿美元。

(3)金砖国家新开发银行❶成立近两年,就已在成员国中批准了规模约 15 亿美元的 7 个贷款项目,主要投资领域为交通、城建等基础设施建设以及绿色能源等。

此外,中国将向南亚、上合组织、非洲分别提供 200 亿、50 亿、300 亿美元的信贷配套支持。区域性和国际性组织也为"一带一路"的基础设施建设提供部分资金。

经统计,上述各种融资渠道向"一带一路"基础设施建设沿线国家提供的融资规模为 3500 亿美元左右,远远不能满足融资需求。不仅如此,目前"一带一路"尚未形成统一的金融互联互通机制。包括丝路基金、亚洲基础设施投资银行、金砖国家新开发银行在内的金融机构联通较少,暂时还无法发挥金融的最大效益。总之,"一带一路"沿线资金缺口巨大。

二、"一带一路"与 PPP 高度契合

面对"一带一路"巨大的资金缺口,除政府资金投入、寻求国际国内各类金融资本的支持外,沿线国家必须拓宽融资渠道大量引入各类社会资本,借助社会资本庞大的资金力量促进项目落地。而采取当下国际上较为流行的 PPP 模式引入社会资本成为重要的现实选择。

1. PPP 模式的全球经验

从全球经验看,PPP 是一种较佳的引进社会资本的模式。从 20 世纪 90 年代

---

❶ 2013 年 3 月,第五次金砖国家领导人峰会上决定建立金砖国家新开发银行,成立开发银行将简化金砖国家间的相互结算与贷款业务,从而减少对美元和欧元的依赖。2014 年 7 月 15 日金砖国家发表《福塔莱萨宣言》宣布,金砖国家新开发银行初始资本为 1000 亿美元,由 5 个创始成员平均出资,总部设在中国上海。金砖国家新开发银行不只面向 5 个金砖国家,而是面向全部发展中国家,作为金砖成员国,可能会获得优先贷款权。

初期开始，全球 PPP 项目迅猛增长。

由于"一带一路"覆盖区域广大、涉及跨境投资领域众多、融资需求庞大、项目建设周期长，仅仅依靠国际国内的银行业金融机构贷款不可持续，急需要寻找可持续的资金替代方案。除了亚洲基础设施投资银行、丝路基金、金砖国家新开发银行、上合组织开发银行、亚洲开发银行、世界银行等金融机构为"一带一路"沿线国家基础设施建设融资提供支持之外，以政府和社会资本合作为代表的 PPP 模式将是十分重要的选项。

2017 年 5 月，对外经济贸易大学发布《"一带一路"与 PPP（公私合作制）：全球治理、区域合作与中国模式》蓝皮书，蓝皮书指出，搞好"一带一路"建设的投融资合作，需要着力搭建利益共同体，充分调动沿线国家的资源，加强政府和市场的分工协作，坚持以企业为主体，市场化运作，真正实现共商、共建、共享。蓝皮书还认为，目前大多数项目都是由政府开发和资助，区域性和国际性组织也为"一带一路"的基础设施建设提供部分资金。但这些融资渠道对"一带一路"跨境基础设施所提供的融资规模非常有限，不足以填补巨大的资金缺口。因此，需要充分引入私人资本的参与，利用政府与社会资本合作模式等融资渠道来弥补公共资本的缺口。

PPP 领域合作是未来推动金砖国家合作的重要方式。据介绍，由于金砖国家对改善公共服务及基础设施普遍需求巨大，同时，一些金砖国家在公共服务及基础设施领域已通过推广运用 PPP 模式等方式，创新融资渠道、吸引私营部门投资以弥补资金缺口，并取得积极成效。但各国 PPP 发展程度和水平参差不齐，也尚未建立相关合作交流机制。因此，自中担任金砖国家主席国后首次提出在 PPP 领域开展合作，并推动建立金砖国家推广 PPP 模式的交流与合作框架。这一倡议得到金砖各方的积极响应，最终在 PPP 领域形成两项具体成果，一是 2017 年 6 月，在上海举行的金砖国家财长和央行行长会议正式建立金砖国家政府和社会资本合作（PPP）领域合作框架，包括制定《金砖国家 PPP 良好实践》；二是成立工作组就金砖国家开展 PPP 合作的具体方式进行研究，推动 PPP 领域合作，包括建立项目准备基金❺等。分析认为，上述成果标志着金砖国家首次就 PPP 模式建立合作框架，为金砖国家开展 PPP 合作打下了坚实基础，也将为促进金砖国家基础设施的大联通作出贡献。

2. "一带一路"与 PPP 各方面契合

(1) 合同主体相同

"一带一路"是"丝绸之路经济带"和"21 世纪海上丝绸之路"的简称，它

---

❺ 该基金将为金砖国家开展 PPP 能力建设、经验交流和 PPP 项目准备提供初期资金支持。

将充分依靠中国与有关国家既有的双多边机制，借助既有的、行之有效的区域合作平台，积极发展与"一带一路"沿线国家的经济合作伙伴关系，共同打造政治互信、经济融合、文化包容的利益共同体、命运共同体和责任共同体。"一带一路"建设涉及的主体主要有：沿线国家的政府、各类社会资本（项目所在地国家的社会资本和外方社会资本）、各类金融机构（亚洲基础设施投资银行、丝路基金、金砖国家新开发银行、上合组织开发银行、亚洲开发银行、世界银行等）、各类运营机构、项目所在地居民等，这些都是"一带一路"建设的相关利益主体。此外，上述涉及的合作主体合作方式多样化：第一种是一国政府与本国社会资本之间的合作；第二种是一国政府与另一国政府之间的合作；第三种是一国政府与另一国社会资本或企业之间的合作；第四种是一国社会资本或企业与另一国社会资本或企业之间的合作（此种方式主要是社会资本或企业之间形成联合体，共同与一国政府进行合作）。

而在 PPP 模式下，包括中国企业在内的各类社会资本与"一带一路"沿线国家政府之间在交通运输、能源、环境等各个重要领域开展密切合作。合作主体主要为项目所在国政府与包括外方在内的各类社会资本、项目所在国社会资本与外方社会资本以及项目所在地居民。换句话说，"一带一路"与 PPP 模式中的合作主体属于同一共同体。

(2) "一带一路"建设领域与 PPP 领域相通

2013 年 9 月，上海合作组织比什凯克峰会提出，构建"丝绸之路经济带"要创新合作模式，加强"五通"，即政策沟通、道路联通、贸易畅通、货币流通和民心相通。分析指出，"设施联通"涵盖了交通基础设施、能源等行业，"贸易相通"涉及新能源、电子商务等领域，"民心相通"包括科技教育、文化旅游等项目内容，而这些项目大都属于基建设施和公共产品服务领域，正是 PPP 模式包涵盖的两个主要领域，因此，适合采用 PPP 模式。

2015 年 3 月，国家发改委、外交部、商务部联合发布的《推动共建丝绸之路经济带和 21 世纪海上丝绸之路的愿景与行动》强调政策沟通、设施联通、贸易畅通、资金融通和民心相通。其中，"设施联通"和"民心相通"包含了铁路、公路、港口、水利、电信、能源、科技、教育、文化、旅游等项目内容。可以说，"一带一路"建设领域与 PPP 领域相通。PPP 模式下，主要行业为基础设施建设和公共服务项目。可以说，从项目属性上看，"一带一路"建设项目与 PPP 项目具有较高的同一性，重点均为政府基础设施建设。

(3) 均遵守"利益共享、风险共担"原则

在经济全球化和世界多极化的进程中，各个国家之间在经济发展水平方面参差不齐，尤其是发达国家与发展中国之间在基础设施建设、资源共享方面均存在明显的差异与不均衡。在此背景下，"一带一路"倡议坚持"共商、共建、共享"

的原则,由"一带一路"沿线国家和区形成对发展目标的共识,共同探讨实现目标的路径,本着共同建设的原则,责任与风险共同承担,并分享建设成果。社会资本投资"一带一路"可能面临政治、经济、自然、文化等方面的风险。

PPP 模式良性运行的前提是"风险共担、利益共享"。建立公平合理的风险分担机制,让更有能力、更有优势的一方承担相应风险,这样才能实现项目整体风险的最小化,确保 PPP 项目长期稳定地运营。因此,从"利益共享、风险共担"的角度出发,"一带一路"与 PPP 模式坚持的原则相同。

(4) 均遵循优势互补

习近平主席在 2017 年 5 月"一带一路"国际合作高峰论坛发表主旨演讲时指出,"一带一路"建设是实现战略对接、优势互补。而 PPP 模式也是各方参与主体遵循优势互补:政府在政策制定、监督方面具有优势,因此主要负责基础设施及公共服务的政策制定、价格和质量监管,从而保证公共利益最大化。而拥有资金、技术和管理经验的社会资本工作重点,主要是项目的设计、建设、投资、融资、运营和维护。正是这种科学的安排,既充分发挥政府在战略规划、质量监督上的优势,又充分发挥社会资本在技术、资本、管理上的优势。通过优势互补,让 PPP 参与主体共同促进项目的落地。

(5) 支持的资金主体一致

"一带一路"建设需要资金支持❶。如丝路基金的第一个项目是中国三峡集团和世界银行集团成员国际金融公司(IFC)组成的对等股权合资企业,建造装机容量 720MW 的水电站。国际金融公司通过投资 1.25 亿美元帮助实现了规模更大的价值 16.5 亿美元的项目。"一带一路"的第一个火电项目:价值 20 亿美元的巴基斯坦项目,49%的股份本来自一家卡塔尔投资机构,该项目公司的股权融资包括中国进出口银行的 15.6 亿美元。

"一带一路"PPP 项目投资规模大。因此,社会资本要利用自有资金投资几十亿甚至上百亿的项目不太现实,需要向银行等金融机构融资。目前,PPP 项目融资主要依靠银行贷款,国内 PPP 项目主要是政策性银行和商业性银行提供资金支持,而"一带一路"PPP 项目主要是亚洲基础设施投资银行、丝路基金、金砖国家银行、世界银行、亚洲开发银行以及国内开发性金融机构。

三、PPP 模式是"一带一路"的必然选择

由我国倡议的"一带一路"倡议正稳步推进,有关项目也正相继落地。有

---

❶ 预计未来十年,为了实施"一带一路"倡议,中国将调动一万亿美元国家资金用于超过 65 个国家的基建项目。

调研报告显示，除中国外，"一带一路"其他 65 个国家未来每年的 PPP 项目投资需求为 0.4 万亿～0.9 万亿美元，PPP 投资需求非常大。鉴于"一带一路"大型基础设施和公用事业项目投资规模大、建设周期和投资回收期长，需要大力推广 PPP 模式，鼓励和引导各类社会资本参与"一带一路"重点项目建设。

1. PPP 模式加速"一带一路"建设

"一带一路"沿线国家普遍面临基础设施薄弱、政府财政压力大、技术水平不高和运营管理能力不足等问题。作为一种市场化、社会化、专业化的投融资模式，PPP 模式的主要目的是政府通过吸引资金雄厚、技术先进和管理经验丰富的各类社会资本投资、建设和运营基础设施和公共服务项目，构建起政府和社会资本良好的合作伙伴关系。即通过"引资、引技、引智"实现缓解政府资金压力、提高项目建设和运营效率的目的。

PPP 模式对"一带一路"建设作用非常重要，原因主要有：一是弥补项目所在国的资金缺口，缓解政府财政压力。二是"一带一路"建设的重点项目主要集中在基建领域，这与 PPP 模式的重点领域天然一致，政府和社会资本正好可以发挥 PPP 模式的优势为"一带一路"建设服务。三是"一带一路"沿线国家的项目投资规模普遍巨大，这对"一带一路"沿线国家的财政实力提出了严峻的挑战。而"一带一路"沿线国家经济发达程度普遍不高，必须借助社会资本的力量完成投资，具有多种优势的 PPP 模式正好符合这一需求。四是有助于提升公共产品管理和资本配置效率。因此，伴随"一带一路"倡议的落地，PPP 模式将大有可为。

2. "一带一路"沿线国家已广泛运用 PPP

调研发现，虽然 PPP 在我国还处于起步阶段，但在"一带一路"沿线不少国家和地区已经开始广泛使用。以"一带一路"上的两大发展中国家中国和印度为例，根据世界银行数据，截至 2013 年，中国 PPP 累计规模约为 1278 亿美元，印度为 3274 亿美元。2013 年中国新增 PPP 项目 76.8 亿美元，印度新增 PPP 规模为 151.4 亿美元。2013 年中国和印度的 GDP 分别为 9.49 万亿美元和 1.86 万亿美元，则中国新增 PPP 规模占 GDP 比例仅为印度的 9.9%。无论是从绝对规模还是相对规模来看，我国 PPP 发展水平与同类型发展中国家相比，均有较大差距。

未来随着"一带一路"相关投资项目步入密集落地期，沿线国家基建领域将成为投资的主要切入点，沿线国家政府和各类社会资本以 PPP 模式操作工程项目将成为地区经济社会发展的一大亮点。

3. 我国积极推广 PPP

自 20 世纪 90 年代起，PPP 模式取得长足发展，欧美、日本等地在交通运输、水利、能源、市政、养老、医疗、卫生、教育等行业取得了明显的成果，产生了许多成功的案例，既推动了所在国的经济社会发展，也为世界上其他国家推广 PPP 模式树立了典范。

就我国而言，自 2014 年下半年以来，在中央和地方各级政府的大力推广和一系列政策的支持下，PPP 在我国呈现速度快、力度大、范围广的特点，PPP 的应用领域也从之前的高速公路等基础设施领域迅速向污水处理、垃圾处理等环保和市政建设领域拓展，目前已经拓展到城镇化建设、园区建设、养老、医疗、文化、旅游等 19 个领域。根据财政部 PPP 中心的统计显示，截至 2017 年 6 月末，按照财政部相关要求审核纳入项目库的项目，即全国入库项目有 13554 个，总投资额达 16.4 万亿元，覆盖全国 31 个省（自治区、直辖市）及新疆兵团，19 个行业领域。

四、我国积极推广 PPP 助力 "一带一路"

1. 建立 "一带一路" PPP 工作机制

作为 "一带一路" 倡议的倡导国，中国应在发改、财税、金融、证券等各个部门之间开展密切协同，支持国内社会资本投资主体走向 "一带一路"，促成 "一带一路" 倡议的稳步推进。

国家发改委指出，自 2013 年以来，"一带一路" 建设从无到有、由点及面，进度和成果超出预期。一是完成了一套顶层设计。2015 年 3 月 28 日，对外公布了《推动共建丝绸之路经济带和 21 世纪海上丝绸之路的愿景与行动》，阐述了我国对 "一带一路" 倡议的具体思路和设想，做出了我国推进 "一带一路" 建设的总体安排。二是形成了一系列国际共识。目前，已有 100 多个国家和国际组织表达了对 "一带一路" 建设的支持和参与意愿。我国同沿线国家和国际组织签署了 40 多份共建 "一带一路" 合作备忘录或协议，与其中部分国家积极推进编制双边合作规划纲要。三是建立了一套支撑保障体系。成立了推进 "一带一路" 建设工作领导小组，领导小组办公室设在国家发展改革委。有关部门普遍建立了工作领导机制，一批专项规划编制工作已经启动。四是采取了一系列重大举措。成立了亚洲基础设施投资银行，设立了专门支持 "一带一路" 建设的丝路基金，扩大了外经贸发展专项资金和优惠性质贷款规模，积极做好面向企业的政策指导、信息服务工作。五是取得了一批重要的早期收获。中巴经济走廊建设成效初显，合作签约金额近 460 亿美元。互联互通全面加速，印尼雅万高铁启动了先导段建设，中老铁路开工建设，中泰铁路、匈塞铁路举行启动仪式。国际产能合作进展明显，中哈产能合作协议投资超 230 亿美元。

国家发改委通过多种方式在"一带一路"建设中推广 PPP 模式，如 2016 年 12 月，国家发展改革委投资司会同西部司、外资司等有关司局，与联合国欧洲经济委员会 PPP 中心在北京召开"一带一路"PPP 工作机制洽谈会。双方一致表示，中国提出的共建"一带一路"的历史性倡议，与联合国推动落实 2030 年可持续发展议程不谋而合，"一带一路"所确定的五大重点合作领域，即政策沟通、设施联通、贸易畅通、资金融通和民心相通，将会有力推动实现 2030 年可持续发展议程的 17 项可持续发展目标。双方一致认为，在"一带一路"建设中推进 PPP 模式，可以更好地提供公共产品和公共服务，助推沿线各国实现可持续发展目标。

自 2017 年以来，我国各部委积极推广 PPP 支持"一带一路"建设，见表 2-2。

我国各部委积极推动"一带一路"PPP　　　　　　表 2-2

时间	部委	内容
2017 年 1 月	国家发改委	国家发改委会同 13 个部门和单位，共同建立"一带一路"PPP 工作机制，与沿线国家在基础设施等领域加强合作，积极推广 PPP 模式，推动相关基础设施项目尽快落地
2017 年 2 月	商务部	2017 年，商务部将以"一带一路"建设为引领，指导中国企业根据东道国实际需求，积极稳妥建设合作区
2017 年 3 月	质检总局	"一带一路"开通以后，由于每个国家检验检疫制度不同，许多出境班列遇到阻碍。质检总局对此研究检验检疫政策，为中国本土企业解决问题
2017 年 5 月	国家发改委	国家发改委与联合国欧洲经济委员会签署的《谅解备忘录》提出，双方要在"一带一路"沿线国家推广 PPP 模式，为充分发挥 PPP 模式在"一带一路"建设中的积极作用，双方就建立健全 PPP 法律制度和框架体系、筛选 PPP 项目典型案例、建立"一带一路"PPP 国际专家库、建立"一带一路"PPP 对话机制等 4 个方面做了具体约定
2017 年 5 月	保监会	《关于保险资金投资政府和社会资本合作项目有关事项的通知》发布，旨在推动 PPP 项目融资方式创新，更好支持实体经济发展

2. 我国资金加码支持"一带一路"

显而易见，PPP 模式为"一带一路"建设的拓宽资金来源。早在 2014 年 12 月 24 日的国务院常务会议便明确指出，"一带一路"倡议将吸收社会资本参与，采取债权、基金等形式，为"走出去"企业提供长期外汇资金支持。此外，在 2017 年 6 月 17 日召开的"基础设施建设投融资国际研讨会"上，国家发改委相关负责人表示，随着"一带一路"的推进，预计下一个五年计划"一带一路" PPP 投资或超 20 万亿元。

分析认为，未来中国将会为企业走向"一带一路"提供更加广泛的政策支持与更加丰厚的资金支持。在 2017 年 5 月"一带一路"国际合作高峰论坛上，习近平主席表示，中国将加大对"一带一路"建设资金支持，向丝路基金新增资金 1000 亿元人民币，鼓励金融机构开展人民币海外基金业务，规模预计约 3000 亿元人民币。中国国家开发银行、进出口银行将分别提供 2500 亿元和 1300 亿元等值人民币专项贷款，用于支持"一带一路"基础设施建设、产能、金融合作。

第三章　PPP 是中国企业"撬动"
一带一路"支点"

从 PPP 模式本身来看，其具有独特的先天优势：既弥补政府财政资金缺口不足的问题，又有利于提升基础设施和公共服务项目的建设与运营效率；既为社会资本提供了投资的机会与平台，又提高了社会公众的生产与生活质量。"一带一路"沿线国家普遍对基础设施建设和公共服务项目有着较为强烈的现实需求，而我国国内需通过资本输出带动产能输出，强大的资本与技术需要开拓新的市场。

"一带一路"的市场"需求侧"与我国资本与技术的"供给侧"两端均需要发力，均需要找到一个这样强大的"支点"。而这个"支点"，正是近几年在我国大力推广且在海外相关国家日渐成熟的 PPP 模式。

总之，借助 PPP 这个"支点"，将"撬动"数以万亿计的市场。

一、解读"一带一路"上的 PPP

1. "一带一路"沿线国家 PPP 项目现状

（1）沿线国家 PPP 项目区域和国别集中度较高

由"一带一路"沿线国家 PPP 项目数据分析，"一带一路"沿线国家 PPP 项目区域和国别的集中度较高，其中 PPP 项目数量位居前 5 位的国家，其项目总量超过了"一带一路"沿线国家 PPP 项目总量的 6 成❶。

同时，"一带一路"沿线国家 PPP 发展程度（包括项目总量和投资规模）与国家经济水平和公共服务体量的关联度不大。印度尼西亚、沙特阿拉伯等亚洲大国 PPP 项目总量均未列入前 5 位，而阿联酋作为"一带一路"沿线高收入国家的代表，PPP 项目则为零。

（2）PPP 项目数量近千个，总投资额逾五千亿美元

数据显示，截至 2017 年 4 月底，"一带一路"沿线 60 多个国家 PPP 项目总

---

❶　从单个国家来看，PPP 项目总量排在前五位的国家分别为：印度、希腊、土耳其、菲律宾和俄罗斯，分别为 376 个、72 个、54 个、42 个和 41 个，总计 585 个，占到"一带一路"沿线国家 PPP 项目总量的 68%。其中仅印度一国的 PPP 项目就超过"一带一路"沿线国家 PPP 项目总量的三分之一。

计 865 个，总投资额约 5029 亿美元，项目平均投资额 5.8 亿美元。从分布区域来看，其中南亚 8 国（印度、巴基斯坦、孟加拉、阿富汗、斯里兰卡、马尔代夫、尼泊尔和不丹，下同）以 420 个 PPP 项目占到了"一带一路"沿线国家 PPP 项目总量的一半以上。而东盟 10 国 PPP 项目总数为 135 个占"一带一路"沿线国家的 16%，投资总额约 1175 亿美元，接近总投资额的 30%。

（3）PPP 项目行业分布较为集中

从行业布局来看，"一带一路"的 PPP 项目大致分布在油气、电力、安居工程、通信、交通运输、水利以及采矿领域。其中占比位居前三位的行业为：交通运输行业、电力行业和油气行业。而从区域分布看，东盟 10 国电力行业的 PPP 项目数量位居首位，而在西亚 18 国、中亚 5 国以及独联体 7 国的 PPP 项目中，油气行业的比重最大。南亚 8 国的 PPP 项目集中在交通运输和电力行业。东欧 16 国中 PPP 存量业务占比较高，达到了项目总量的 40%。

分析发现，无论从"一带一路"沿线国家 PPP 项目的行业分布还是区域分布来看，PPP 项目都与所在国的能源优势、基建需求有着密切的关系。如西亚、中亚以及独联体油气资源丰富，则油气行业 PPP 项目数量占比较重。而东盟国家水电资源丰富，则电力行业 PPP 项目数量多。

2. "一带一路"建设需要 PPP 模式

2017 年 5 月，习近平主席在"一带一路"国际合作高峰论坛开幕式上发表《携手推进"一带一路"建设》演讲，提出"要创新投资和融资模式，推广政府和社会资本合作，将'一带一路'建成繁荣之路"。这强调了 PPP 模式将在"一带一路"倡议实施中发挥重要作用。

3. "一带一路"PPP 合作主要领域

（1）传统基础设施领域

据国务院发展研究中心估算，未来五年，"一带一路"仅基础设施投资需求就高达 10.6 万亿美元。交通基础设施和能源基础设施是未来五年发展的重点：一是交通基础设施，包括高铁、公路、港口、机场等 PPP 项目投资需求巨大；二是能源基础设施，包括油气管道、电力网络、电站等建设是沿线各国重点投资领域❸。

以交通基础设施建为例。从全球实践经验来看，交通基础设施建设不仅投资

---

❸ 近几年，中国与俄罗斯、巴基斯坦、印尼等国的务实合作不断推进，印度尼西亚雅万高铁、匈牙利—塞尔维亚铁路、中国—俄罗斯东线天然气管道、巴基斯坦瓜达尔港、中国—哈萨克斯坦（连云港）物流合作基地等一批示范项目已经建成或者积极推进。如中国中铁和中国电建签署了印尼雅万高铁 47.01 亿美元（约合人民币 324 亿元）EPC（勘察设计施工总承包）建设协议。

规模大而且回收期长，其对投资、建设与运营的主体要求很高，因此需要由更具资金、技术和管理实力的大型企业来完成。对"一带一路"沿线项目东道国政府而言，当下急需调动沿线国家乃至全球社会资本的积极性，尽快形成政府、社会资本、金融机构和运营企业等各参与方"共赢"的新格局。

（2）信息基础设施领域

习近平主席提出"要坚持创新驱动发展，加强在数字经济、人工智能、纳米技术、量子计算机等前沿领域合作，推动大数据、云计算、智慧城市建设，连接成 21 世纪的数字丝绸之路"。"数字丝绸之路"概念的提出为"一带一路"沿线的信息基础设施建设打开了新的方向，通信干线网络、智慧城市项目、大数据中心、云计算平台等将成为信息基础设施建设的重点。

事实上，我国部分互联网企业已经开始"数字丝绸之路"的布局，如中国规模最大的云计算服务商阿里云 2014 年在香港设立首个海外数据中心，以"一带一路"沿线国家区域为核心，带动超过 10 万家中国企业规模化出海，未来三年内生态规模有望达上万亿元。又如国内领先的数字建筑平台服务商广联达多年前就在新加坡、印度尼西亚、阿联酋、印度等"一带一路"沿线国家开拓。

（3）园区综合开发

园区[19]建设是各个国家发挥比较优势、开展产能合作的重要载体。无论是对中国还是"一带一路"沿线国家和地区都有利：一方面，通过园区建设，有利于我国实现产能转移；另一方面，有利于"一带一路"沿线国家和地区产业结构升级。

目前，我国正与"一带一路"沿线国家积极展开园区综合开发合作。商务部公布的涉及"一带一路"沿线的园区一共 77 个。其中："一带"国家 35 个，"一路"国家 42 个。很多园区都是以 PPP 模式操作，且进行了成功的探索和实践，积累了宝贵的经验。以在国内园区建设做得风生水起的华夏幸福为例。华夏幸福已在印度尼西亚、印度、越南、埃及、马来西亚等 5 国打造 9 个产业新城。其中印度哈里亚纳邦索纳项目和埃及新首都二期产业新城项目将以 PPP模式打造。

上述交通运输、能源、通信、互联网等领域多数以 PPP 模式运作，为今后中国企业以 PPP 模式参与"一带一路"国家基础设施建设、投资和运营提供了

---

[19]　园区是指政府集中统一规划指定区域，区域内专门设置某类特定行业、形态的企业、公司等进行统一管理。我国的园区大致可以分为：工业园区（以工业生产企业为主的特定区域）、农业园区（以农业生产为主的特定区域）、科技园区（以高科技研发企业为主的区域，包括：软件园区、高新园区等）、物流园区（以物品集散、交易、转运为一体的各种产品的区域，包括港口园区、交易园区等）和文化创意产业园区等。

很好的经验，有着重要的借鉴意义。

4. 国内多地密集部署对接"一带一路"

媒体报道称，2017年初，包括陕西省、河北省、天津市等多地地方两会工作报告中都对2017年对接"一带一路"作出工作部署。如2017年陕西省政府工作报告指出：2017年将抓住中国（陕西）自由贸易试验区建设重大机遇，深度融入"一带一路"大格局，从而使陕西更深更广融入全球供给体系，推动更高水平的"引进来"和"走出去"。河北省政府工作报告提出：深度融入"一带一路"倡议，充分利用国际国内两个市场、两种资源，加强与世界500强和行业领军企业战略合作。天津市政府工作报告指出，2016年天津深度融入"一带一路"国家倡议，加强与沿线国家投资贸易合作，项目投资增长3.5倍。2017年将深度融入"一带一路"建设，支持企业"走出去"，加强与沿线国家贸易、产能装备、资源能源、科技、旅游和人文合作。

事实上，中国企业已经在"一带一路"PPP征程上迈出了重要的一步。据了解，油气管道投资建设方面，包括中俄油气管道、中缅油气管道建设都取得了积极进展，有的已经建设运营。在对外电力设施投资建设方面，国家电网公司同周边国家至少签署了10个输电协议，特别是俄罗斯、蒙古、印尼等地的项目都已经签约。铁路方面，印尼的铁路项目、泰国的铁路项目、莫斯科的地铁项目、东欧的铁路改造项目、印度的高铁项目等谈判和签约工作都在有序推进中。这些项目多数是以PPP模式来运作，为今后国内企业用PPP模式参与"一带一路"沿线国家基础设施投资，提供了很好的项目经验借鉴。

二、"一带一路"倡议下的中国企业机遇

随着"一带一路"沿线国家不断加大支持力度，PPP模式将会在沿线基础设施建设中发挥越来越重要的作用。对此，一直致力于"走出去"的中国企业迎来了重大的机遇。

1. 中国企业"走出去"历史变迁

追溯历史，理清脉络。中国企业"走出去"的历史已达数十年：改革开放初期，中国企业积极参与中国政府援外项目，在为我国与项目国建立深厚友谊作出巨大贡献的同时，自身的综合实力也得到很大程度提高：一是拓宽了视野，看到了海外市场蕴藏的巨大机会；二是通过援助项目建设，对相关海外市场的法律法规、人文历史和风土人情有了深入的了解，这为未来中国企业"走出去"奠定了

坚实的基础；三是在长达数十年的时间里，经过长期艰苦的磨炼，中国企业锻炼、储备了一批集工程技术、法律法规、金融财会和运营管理在内的专业人才队伍，这支队伍将是中国企业走向"一带一路"的生力军；四是通过工程实践，中国企业还积极了丰富的工程建设、融资和管理经验。

目前，在 PPP 市场探索和实践多年的中国企业开始转变投资理念，从传统的工程建设转向以 PPP 模式开拓海外市场。尤其是近年来，随着中国在世界的影响力越来越大、国际话语权越来越多，再加上中国政府为中国企业提供了优惠的资金与政策支持，如中国进出口银行、国家开发银行等金融机构为中国企业提供专业的融资咨询及资金支持[20]。此外，中国出口信保公司为相关企业提供出口信用保险和海外投资保险。中国企业加快了"走出去"的步伐。

2. "一带一路"倡议与中国企业"走出去"

中国对外投资的快速发展，对中国企业、东道国的经济以及整个世界经济增长都有利。如 2016 年我国对外投资整体实现高速增长，全年非金融类对外直接投资达 1700 多亿美元，同比增长 44.1%。根据联合国贸发会议发布的《2017 年世界投资报告》，中国首次成为全球第二大对外投资国。2016 年，中国境外企业销售额 1.5 万亿美元，向所在国缴纳税费 400 亿美元，雇佣外方员工 150 万人。而"一带一路"倡议为广大中国企业提供了巨大的市场机遇：通过"一带一路"建设，将促使中国企业加快"出海"的脚步，中国企业将发挥资源、资金和技术优势，使项目迅速落地。

3. PPP 模式为中国企业拓展"一带一路"市场创造机遇

将 PPP 模式运用到"一带一路"倡议中，可以充分发挥 PPP 的机制和参与各方的优势，使得"一带一路"倡议推进更快。此外，投资"一带一路"PPP 项目的社会资本在资金、技术、管理等综合能力方面实力相对来说更为雄厚，对"一带一路"的法律法规、人文风俗了解得更为透彻，合作更接地气，投资效率更高，风险更低。如中国交建通过投资建设中国标准的产业园区、工业园区、物流园区、自由贸易园区、保税区、城市综合体开发等 PPP 项目，推动南亚、东南亚、非洲、美洲和南太平洋等多个核心经济地带 20 多个园区的规划和建设。截至 2015 年年底，中国交建在海外 12 个国家实施投资项目，正在 8 个国家推进 PPP 项目，投资总额近 90 亿美元。这些 PPP 项目主要有牙买加南北高速公路 BOT 项目、斯里兰卡科伦坡港口城发展 PPP 项目等。

---

[20]　目前，国家开发银行、中国进出口银行等政策性银行在"一带一路"的贷款余额已达到 2000 亿美元左右。

随着"一带一路"倡议的实施，也为我国装备制造业㉑提供了良好的机遇。近年来，我国装备制造业持续快速发展，无论是技术水平还是产业规模都有了大幅度的提升，在世界上占有重要的一席之地。在"一带一路"倡议快速推进、沿线国家和地区基础设施建设需求旺盛的大背景下，我国装备制造业迎来了大好的机遇。以工程机械为例，我国工程机械行业业务覆盖达 170 多个国家和地区，产品出口到 200 多个国家和地区，海外营业收入及出口占企业营业收入的比重已经超过 25%。在"一带一路"倡议下，交通运输、能源、通信等大型项目相继落地，而我国装备制造业为项目建设发挥了重要的作用，同时装备制造业自身的技术水平和国际影响力也与日俱增。近年来，广西柳工集团有限公司、徐州工程机械集团有限公司、三一重工股份有限公司等企业牵头参与国外基建的消息不断。

中国正在打造产业集群式"走出去"的平台，与有意愿的沿线国家共建三类园区，包括境外经贸合作区、跨境跨双方边境的经济合作区、中国境内边境合作区。其中，中国—白俄罗斯工业园、中国—马来西亚关丹产业园、中哈霍尔果斯国际边境合作中心等一批重点园区已初具规模。2016 年，中国企业在"一带一路"沿线建立初具规模的合作区 56 家，累计投资 185.5 亿美元。共有 107 家央企在"一带一路"沿线投资建设，主要从事道路、港口、能源、工程承包、产业园和其他基础设施建设。

三、国内 PPP 与跨国 PPP 的区别与联系

中国企业要想抓住"一带一路"PPP 市场机遇，首先要弄清国内 PPP 与跨国 PPP 的区别与联系，这样才能做到结合实际，有的放矢。应该说，经过近几年的探索与实践，中国企业尤其是大型央企、国企和民营龙头企业（事实上这类企业也正是拓展"一带一路"项目的主力军）积累了丰富的 PPP 经验，也产生了一大批 PPP 示范项目㉒和较多成功的 PPP 案例，但跨国 PPP，如"一带一路"

㉑ 装备制造业又称装备工业，是为满足国民经济各部门发展和国家安全需要而制造各种技术装备的产业总称。按照国民经济行业分类，其产品范围包括机械、电子和兵器工业中的投资类制成品，分属于金属制品业、通用装备制造业、专用设备制造业、交通运输设备制造业、电气机械及器材制造业、通信计算机及其他电子设备制造业、仪器仪表及文化办公用装备制造业 7 个大类 185 个小类。

㉒ 2014 年 12 月，财政部公布了第一批 PPP 示范项目 30 个，总投资规模约 1800 亿元，涉及供水、供暖、环保、交通、新能源汽车、地下综合管廊、医疗、体育等多个领域。2015 年 9 月，财政部公布了 206 个项目作为第二批 PPP 示范项目，总投资金额 6589 亿元，项目主要集中在市政、水务、交通等领域。2016 年 10 月，财政部公布 516 个项目作为第三批 PPP 示范项目，计划总投资金额 11708 亿元，项目覆盖了能源、交通运输、水利建设、生态建设和环境保护、市政工程、城镇综合开发、农业、林业、科技、保障性安居工程、旅游、医疗卫生、养老、教育、文化、体育、社会保障和其他 18 个一级行业。此外，2015 年 5 月，国家发改委公布了第一批 PPP 推介项目共计 1043 个，总投资 1.97 万亿元。2015 年 12 月，国家发改委公布了第二批 PPP 推介项目共计 1488 个，总投资约 2.26 亿元。

PPP 还处于起步阶段。

面对国内国际两个 PPP 市场，中国企业面临着怎样的机遇与风险？"走出去"的中国企业又该如何规避国外 PPP 市场风险？国内 PPP 与跨国 PPP 有着怎样的区别与联系？

分析认为，国内 PPP 模式与"一带一路"PPP 模式在本质上是一致的。只不过，国内 PPP 模式是社会资本与国内各级地方政府合作，而"一带一路"PPP 模式是社会资本与项目所在国政府政府合作，多数情况下是国外社会资本与项目所在国政府合作（如中国企业与"一带一路"沿线外国政府合作）。

1. 从时间上看

国内 PPP 与跨国 PPP 基本上处于同一时间段：从 2014 年下半年开始，我国迅速掀起一股 PPP 的推广热潮。2013 年，习近平主席先后提出共建"丝绸之路经济带"与"21 世纪海上丝绸之路"构想。此后，相关国家积极响应，支持政策不断出台，各类社会资本跃跃欲试，"一带一路 PPP 项目"逐渐落地，带动沿线国家经济社会发展的效果逐渐显现，社会资本参与的积极性也越来越强。

2. 从 PPP 市场规模看

伴随着我国支持 PPP 模式的一系列政策出台，各省市相继发布 PPP 项目，PPP 市场规模高达十万亿级。根据财政部 PPP 中心的统计显示，截至 2017 年 3 月末，全国入库 PPP 项目合计 12287 个，投资额 14.6 万亿元；国家示范项目总数 700 个，总投资 1.7 万亿元，已签订 PPP 项目合同进入执行阶段的示范项目 464 个，投资额 11900 亿元，落地率 66.6%；截至 2017 年 6 月末，全国入库项目有 13554 个，总投资额达 16.4 万亿元，覆盖全国 31 个省（自治区、直辖市）及新疆兵团，19 个行业领域。据兰格钢铁研究中心统计测算，随着"一带一路"倡议的推进，预计下一个五年"一带一路"PPP 投资或超 20 万亿元人民币。

3. 从社会资本参与主体看

目前我国 PPP 模式的社会资本参与主体主要是央企和地方国企，而民企参与度并不高。与央企和地方国企相比，民企在综合实力上存在着较为明显的差距，主要原因是 PPP 项目投资规模大（动辄数亿、数十亿甚至上百亿元）、期限长（最长达 30 年）、利润率不高（通常为 8～10%，竞争激烈的项目利润率甚至只有 6% 左右），且存在各种经营风险，民企在技术能力、融资能力、管理能力以及抗风险能力都处于弱势。实践中有业内人士就表示，"在大型基础设施项目中，民企真的是没有优势，无论是从业绩、队伍、资金、兜底能力上都比不上国企、央企。"以当下如火如荼的环保 PPP 为例，大量非环保类的国企尤其是以工程建设见长的"中字头"央企正大力向环保领域进军，这些大型国企多成立子公司以专门运作环保板块，如中国中车、中国石化、中国铁建等以技术融进环保圈，中国中铁、葛洲坝集团以及中国铁建靠工程进入环保圈，借资本力量进入环保行业的则有中信集团、中国建投等，而徐工集团等工程机械企业则主要是以设备为引领进入环保行业。

如上所述，目前积极介入"一带一路"PPP 项目的中国企业，主要是大型央企、国企以及民营龙头企业。反观国内 PPP 市场，做得风生水起的也是这类企业。

4. 从风险因素看

我国 PPP 总体处于起步阶段，还存在着 PPP 法律法规体系不健全、PPP 领域专业人才尤其是实践型人才匮乏、典型的可复制性的 PPP 成功案例并不多等问题。不仅如此，阻碍 PPP 快速推进的一大重要因素是风险因素，即 PPP 各种不确定性的风险较大，主要有法律政策变更风险、政府信用风险、融资风险、公众反对风险以及收益不足风险等。

相比之下，"一带一路"PPP 项目的风险则更具复杂性，主要有法律风险、政治风险、环保风险、劳工风险以及包括经营决策风险、汇率和利率风险等在内的经济风险，甚至还包括战争风险。不过，在"一带一路"PPP 项目的诸多风险中，最主要的还是法律风险。部分"一带一路"沿线国家与我国法律体系、法律制度和法律环境完全不同，作为社会资本，如果中国企业在没有对某一国家和地区进行长期而深入调研的情况下凭感觉盲目投资，很有可能在项目审批、环保要求等各方面遭遇阻碍，一旦引起法律纠纷，将付出巨大的经济成本和时间成本，造成巨大的经济损失，必须引起警惕。

四、中国企业以 PPP 模式"撬动""一带一路"项目

随着"一带一路"倡议的稳步推进，我国开始加大对"一带一路"沿线国家的投资，越来越多的社会资本尤其是民间资本对"一带一路"沿线国家市场表现出浓厚的兴趣，并以 PPP 模式"撬动"沿线国家 PPP 项目。

1. 投资规模大且覆盖领域众多

众所周知，"一带一路"建设项目大多涉及高铁、高速公路、水库、港口等，不仅投资规模大，而且覆盖领域众多。

2. 中国企业积极探索"一带一路"PPP

作为"一带一路"倡议的发起国，我国企业正在积极参与"一带一路"建设，尤其是在积极探索大型、综合、一体化的 PPP 项目。以中国交通建设股份有限公司（以下简称"中国交建"）为例，作为"一带一路"重要参建者，中国交建致力于通过 PPP 投资将中国资本、中国技术、中国标准推向海外市场，且已经在"一带一路"沿线地区实施了一大批工程项目㉓，其中不乏具有很大影响的 PPP 项目。

以斯里兰卡汉班托塔港口为例，见案例 3-1。

【案例 3-1】

汉班托塔港位于斯里兰卡南部海岸，在科伦坡港东南方向 240km 处，距世界最繁忙的欧洲—远东国际主航线仅约 18.52km，处于"21 世纪海上丝绸之路"的中央地带，是斯里兰卡战略发展项目。预计项目将包括三期：第一期已在 2011 年 12 月完成，从 2012 年 6 月开始投入运营。第二期工程自 2012 年 9 月开始建设，已于 2015 年 4 月完成。二期工程包含设计施工（DB）和设备供应、运营、转让（SOT）两部分。项目建设四个集装箱泊位，岸线长度 1298m，包括两个 10 万 t 级泊位，2 个 1 万 t 级泊位，年设计能力 200 万 TEU㉔。合同总额 8.08 亿美元。项目由招商局国际与中国交建旗下的中国港湾设立一家中方合营企业投资。

2017 年 7 月 25 日，中国招商局港口控股有限公司（以下简称"招商局港口"）公布，招商局港口与斯里兰卡港务局（SLPA）、斯里兰卡政府（GOSL）以及汉班托塔国际港口集团有限公司（HIPG）和汉班托塔国际港口服务有限责任公司（HIPS）五方就有关发展、管理及经营斯里兰卡汉班托塔港的特许经营协定达成一致。根据协议，斯里兰卡港务局及斯里兰卡政府将授予 HIPG 唯一及独家权利发展、经营及管理汉班托塔港及 HIPS 唯一及独家权利发展、经营及管理公共设施，以营运汉班托塔港，协议为期 99 年。招商局港口同意向汉班托塔港港口及海运相关业务投资最多 11.2 亿美元，相当于 87.36 亿港元。招商局港口将在上述两家私人企业中分别占股 85％和 49.3％，斯里兰卡港务局分别占

㉓ 公开资料显示，截至 2016 年 7 月，中国交建及旗下中国港湾、中国路桥、振华重工在"一带一路"沿线累计修建公路 2600 多 km，桥梁 180 座，深水泊位 63 个，机场 10 座，提供集装箱桥吊 754 台，在建铁路 1800km。其中，科伦坡港口城、蒙内铁路、匈塞铁路、塞尔维亚泽蒙—博尔察大桥、马来西亚槟城二桥、中马友谊大桥、港珠澳大桥等项目成为所在国家、地区的标志性工程。

㉔ TEU 是英文 Twenty-foot Equivalent Unit 的缩写。是以长度为 20 英尺的集装箱为国际计量单位，也称国际标准箱单位。通常用来表示船舶装载集装箱的能力，也是集装箱和港口吞吐量的重要统计、换算单位。

股 15%和 50.7%。

3. 各类企业分羹"一带一路"PPP 蛋糕

国内 PPP 推广如火如荼,"一带一路"沿线国家 PPP 市场盛宴亦即将开启。大型建设类企业、互联网龙头企业和大型产业地产商在"一带一路"PPP 市场竞争中占得先机。从"一带一路"沿线国家的现实需求来看,现阶段交通运输类、能源类、环保类基础设施建设项目是投资的热点。其中,中铁、中建、中交、葛洲坝集团等大型央企、国企是"一带一路"基础设施建设类 PPP 项目的排头兵。此外,部分资金实力雄厚、技术实力强大、管理经验丰富的民营龙头企业也有不小的机遇。如武桥重工股份有限公司、山西喜跃置业有限公司、神州长城股份有限公司等已经参与到"一带一路"基础设施项目建设中。

4. "一带一路"PPP 项目相继落地

PPP 模式开始展现出其独特的优势,有项目开始在"一带一路"沿线国家相继落地。

2017 年 3 月,国家发展改革委印发了《关于请报送"一带一路"PPP 项目典型案例的通知》,征集我国 2013 年以来促进"一带一路"沿线国家经济发展、社会进步、民生改善的基础设施和公共事业 PPP 项目。截至 2017 年 5 月,国家发改委共收到来自央企和地方申报的项目 44 个。从项目类别来看,申报项目主要集中在能源、交通运输、信息化、环保、园区等 5 大类项目。能源类的 PPP 项目主要涉及水电站、光伏电站、油气管道、清洁燃煤电站等,交通运输类主要涉及机场、港口、码头等,信息化类包括网络安全、光缆传输、政府光纤宽带等,环保类项目则有河道综合治理、垃圾发电、清洁水等,而园区类项目则主要集中在产业新城、经贸合作区、空港产业园等。从地区分布来看,项目覆盖了亚洲、欧洲、非洲、南美洲、大洋洲 5 个大洲,涉及 25 个国家,其中亚洲 14 个国家,欧洲 6 个国家,非洲 2 个国家,南美洲 2 个国家,大洋洲 1 个国家。从国家分布来看,既有英国、德国、澳大利亚等发达国家,也有埃及、柬埔寨、巴基斯坦、孟加拉等发展中国家。

"一带一路"是新时期中国的顶层战略,广大发展中国家的经济以及中外企业都将从中受惠获益。预计未来十年,为实施"一带一路"倡议,中国将调动一万亿美元国家资金用于超过 65 个国家的基建项目。

五、中国企业精准发力"一带一路"PPP

专业人士指出,随着"一带一路"建设深入推进,中国企业在海外工程承包的模式上将更加多样化,特别是 PPP 模式将大幅度增加,以增强在国际市场的竞争优势。同时,中国企业在保持传统优势的同时,也在加快转型升级,由单一的土建承包商、勘察设计承包商、设备制造商向综合承包商、运营商甚至投资开发商转变。总的来说,随着"一带一路"倡议的推进和 PPP 模式的推广,为中国企业尤其是对外工程承包企业提高了重要的机遇。

对于中国企业而言,如何在有效控制投资风险的基础上转变自身角色、抓住"一带一路"PPP 大机遇,成为当下应该考虑和付诸实践的重点。

1. 中国基建企业紧抓机遇,精准发力"一带一路"PPP

显而易见的是,随着"一带一路"倡议的实施,中国企业面临着巨大的机遇与挑战:"一带一路"沿线广阔的市场等待中国企业去开发。与此同时,中国企业在使用传统模式(如 EPC)开拓市场的同时,还需要结合沿线国家经济实际情况和现实需求,使得项目资金模式多元化。因此,PPP 模式成为中国企业开拓"一带一路"市场的重要选项。

我国倡议的"一带一路"倡议渐次落地和沿线国家大力推广 PPP 模式,这些有利条件都为中国基建企业带来了广阔的市场空间。同时,面对国内基建行业的下行趋势,中国基建企业的转型迫在眉睫。

招商证券 2017 年 7 月发布建筑工程行业研究报告,报告显示,2017 年上半年基建央企新签订单均实现明显增长,中国化学增速最高,增长 77.40%,中国铁建增长 46.85%,中国交建一季度增长 40.20%,中国电建增长 39.98%,中国中铁增长 34.47%等。报告还显示,随着"一带一路"倡议的提出及推进,叠加国外基建投资巨大空间,我国基建央企加大海外业务拓展力度。从海外重大项目来看,基建央企也取得了重大突破,中国交建、中国化学、葛洲坝集团、中国铁建、中国中铁等签署了大额海外订单。新签海外订单数据显示,中国交建、中国铁建 2017 年一季度新签海外订单分别增长 29.43%、59.10%,中国化学、葛洲坝集团 2017 年上半年新签海外订单分别增长 120.81%、40.60%。

分析认为,基建央企新签订单的高增长主要原因:一是国内基建投资水平高企,基建央企基建订单大幅增长;二是 2017 年上半年融资环境趋紧以及 PPP 模式的应用,央企凭借融资等综合实力优势,促使大量订单向央企集中;三是"一带一路"倡议推进,基建央企加大海外业务推进力度,海外订单贡献提升明显。

我国基建央企新签基建订单快速增长,与基建央企发展战略及 PPP 模式的大量应用有着密切的关系。

2. 中国企业需要适应角色转变

调研发现,在转统工程建设模式下,"走出去"的中国企业在海外建设中的角色比较单一，即主要以工程项目建设者的身份出现，只负责工程项目的建设，不负责工程项目的投资，更不负责工程项目的运营。总体来说，中国企业与项目所在国政府或国企之间的关系较为简单，即中国企业主要通过项目建设获得收益。而在"一带一路"PPP模式下，中国企业的角色呈现多元化的特点：一是作为PPP项目的投资者，负责整个项目的投资，并向国内国际的各类金融机构（如国内政策性银行、商业银行、亚洲基础设施投资银行、丝路基金等）和资本市场融资，而传统模式下项目的投融资主体是政府部门；二是作为PPP项目的建设者，这一点与传统工程建设模式下的主要身份差别不大，主要是高质量、高效率地完成整个项目的建设；三是作为PPP项目的经营者，中国企业需要通过项目的经营管理实现投资回报，这与传统模式下以建设利润获取回报有着本质的区别。

因此，在PPP模式下，中国企业一定要适应角色的转变。当然，这反过来也对中国企业尽快提升技术、融资、管理等综合实力提出了更高的要求。

3. 中国企业开拓"一带一路"PPP市场重点事项

(1) 国内PPP项目操作流程

按照财政部《关于印发政府和社会资本合作模式操作指南（试行）的通知》（财金〔2014〕113号），政府与社会资本合作（PPP）项目操作一共有5个阶段19个步骤。这5个阶段分别为：项目识别、项目准备、项目采购、项目执行和项目移交阶段。项目识别阶段包括：项目发起、项目筛选、物有所值评价和财政承受能力论证这四个步骤；项目准备阶段包括：管理构架组建、实施方案编制和实施方案审核这三个步骤；项目采购阶段包括：资格预审、采购文件编制、响应文件评审和谈判与合同签署这四个步骤；项目执行阶段包括：项目公司成立、融资管理、绩效监测与支付和中期评估这四个步骤；项目移交阶段包括：移交准备、性能测试、资金交割和绩效评价这四个保护步骤。

(2) 中国企业操作"一带一路"PPP项目需关注重点

结合上述国内PPP项目操作流程，中国企业操作"一带一路"PPP项目需要重点关注以下事项：

一是要对项目所在国进行深入细致全面的调查了解，重点是研究PPP项目在所在国实施的可行性、风险程度（尤其是所在国经济财政、法律环境、人文风俗情况以及我国政府对于所在国的政策支持情况），只有充分的调查了解才能为能否启动项目提供充足的依据；二是在正式决定投资工程项目后，要做好扎实的基础准备工作，重点是撰写PPP项目可研报告（包括投资、财务、金融、技术、法律、管理、劳工、风险等核心要素），与PPP项目东道国政府进行深入的商业谈判并签订合同。如果项目涉及联合体的，还需要对联合体成员之间的职责进行合理的分工，明确联合体各成员之间的权利义务法律关系等；三是做好投融资工作，完成了 PPP 项目前期的各项准备工作，接下来便是开展融资方面的工作，这是 PPP 模式的重点环节，也是需要中国企业花费大量精力完成的工作。我国PPP 项目特许经营期长达 10～30 年，在"一带一路"沿线国家特许经营期限更长，部分 PPP 项目甚至长达上百年。正如专业人士所言，PPP 就像一场足球赛，上半场通过科学规范，充分竞争的方式选择一个最有能力的社会资本，下半场最关键的便要解决融资的问题。

4. 投资"一带一路"PPP 项目的各国社会资本应加强合作

与国内一样，中国企业投资"一带一路"PPP 项目，不可避免地与其他国家（包国项目所在国）的社会资本竞争。所不同的是，在国内 PPP 市场，主要是中国企业之间开展竞争[25]。而在"一带一路"沿线国家，则是中国企业与其他各国企业之间的竞争。那么，该怎样解决这一问题呢？

业界普遍的看法是，"一带一路"PPP 项目的各国社会资本，无论是来自发达国家的社会资本，还是发展中国家的社会资本，都应该加强合作，发挥各自优势，共同降低风险，共同获益。

---

[25]　以竞争激烈的环保市场为例，在国家利好政策的导引下，不仅大量的非环保企业巨头纷纷涌进节能环保领域，意欲在节能环保大市场上分得一杯羹，而且大量的非环保中小企业也看好节能环保产业而大胆进入这个领域。在此背景下，环保市场竞争异常激烈，表现较为突出的是相互杀价、大企业通过资金优势、技术优势等不断挤压中小环保企业的生存空间。

第四章 金融创新推动
"一带一路" PPP 项目建设

国家发改委相关负责人指出，部分"一带一路"建设项目体量大、投资回收期长，商业之外的不可控、不可知因素比较多，需要创新融资模式，建立长期、稳定、可持续的融资保障体系。要充分发挥政策性金融的先导作用和商业性金融的主体作用，完善银企合作机制，支持金融机构拓展低成本的信贷融资渠道。同时，要扩大出口保险的覆盖范围，创新风险分担机制，降低保障成本。要发挥各类基金的整体合力，突出"四两拨千斤"的带动作用，以及直接融资、权益投资在"一带一路"建设中的平衡作用。此外，要注重加强国际化金融市场体系建设，实施债券市场双向开放，不断强化规模效应，发挥服务"一带一路"建设的融资和定价作用。

一、"一带一路"PPP 需要多元化的融资机制

作为"一带一路"的重要组成部分，金融发挥着不可替代的桥梁和纽带作用。

"一带一路"倡议覆盖区域广、沿线大多是新兴经济体和发展中国家且各国经济发展不平衡、基础设施建设落后且参差不齐、各类项目繁多、参与主体不一、涉及跨境投资领域多元。尤其对"一带一路"沿线中低收入国家而言，基础设施严重滞后，虽然基建需求旺盛，但大都面临资金缺口大的难题。而随着"一带一路"倡议的稳步推进，未来"一带一路"沿线国家的高铁、高速公路、桥梁、港口等基础设施建设项目还会越来越多，资金缺口也会越来越大。

1. 社会资本融资难

研究发现，包括中国企业在内的社会资本对"一带一路"沿线国家和地区的相关 PPP 项目兴趣浓厚，意欲有所作为，但自身也面临资金难题，其中之一便是融资难。

众所周知，PPP 项目大都是基础设施项目和社会公共项目，具有工程规模大，投入资金多的特点，"一带一路"沿线国家基础设施薄弱，往往对高速公路、

高铁、港口等工程需求迫切，投资规模更大，对一般社会资本而言，利用自有资金完成几十亿上百亿元的工程项目不太现实，需要对外融资❷。调研发现，鉴于当下我国资本市场还不成熟，我国 PPP 项目操作中社会资本主要的融资方式仍是以向银行贷款为主，而 PPP 项目的实际资金需求与银行各类资金在期限上存在一定的错配，且银行出于风险因素考虑往往对项目资本金比例要求较高并需要提供项目贷款担保，导致社会资本融资成本较高。PPP 项目的特点之一是盈利不高，如果贷款成本过高，将拉低社会资本的投资回报率，社会资本的投资意愿会降低。

2015 年 6 月，媒体曝出一则新闻《银行怎么看 PPP 项目：需满足 20 多项条件才给贷款》。公开报道称，一份国有商业银行的贷款审批意见书显示，针对 PPP 的不同模式，比如 BOT、TOT 等，银行有不同的贷款要求。一个 PPP 项目想要顺利获得银行贷款，需要满足包括所处区域、还款来源、资产负债率、实收资本以及现金流等在内的 20 多项条件。在办理 PPP 项目融资贷款时，首先根据项目所处区域不同安排不同级别的办理方式。比如项目位于直辖市、省会城市、计划单列市的，可直接办理。对于还款来源是政府支付为主的，要综合考虑地方财政收入、GDP、地方政府负债率等因素，地方财政一般预算内收入须在15 亿元（含）以上，且 GDP 在 200 亿元（含）以上。对于还款来源是使用者付费为主的，除上述条件外，还追加了地方社会商品零售总额需在 80 亿元（含）以上。而对于项目位于县域地区的，地区条件则需要满足地方财政一般预算内收入 10 亿元（含）以上，且 GDP100 亿元（含）以上。此外，银行对于 PPP 项目公司，即贷款主体的条件更严格，比如要求项目公司为在该银行信用评级 10 级（A）及以上的大中型企业客户，资产负债率不高于 75%，实收资本在 3000 万元及以上。其他条件则包括：借款人的经营期限或存续期限应长于贷款期限，在该银行开立基本结算账户或一般存款账户等。

因此，在社会资本融资难的背景下，国内相当多的 PPP 项目正是由于社会资本缺乏足够的资金遭遇搁浅。

2. 亟待构建多元化的投融资体系

资金是"一带一路"的血液。"一带一路"倡议要落地，必须资金先行，因此，"一带一路"建设需要金融创新，为沿线各国项目提供资金支持和安排，需要构建多层次、多元化、多主体的"一带一路"投融资体系。也就是说，需要借助多元化、多渠道的资金力量，包括各个相关经济体的政府和世界金融机构的

---

❷ 以国内 PPP 市场为例。目前，我国重点投资项目资金获取的主要途径有项目资本金、银行贷款以及企业债券等债券。其中，项目资本比例金规定很严，比如污水处理项目自有资本金比例需达到 20%，铁路项目自有资本金比例需要达到 25%，公路和城市轨道交通自有资本金比例为 25%，保障房为 20%。而企业债券需要国家发改委审批，如果是可转债（转为股份）由证监会等批准，其余的则需要银行贷款。

力量。

"一带一路"建设的推进需要庞大资金的作支持。"一带一路"需要构建多元化的融资机制。

业内专家认为，"一带一路"金融创新应该包括多个制度设计：一是加强政策性金融㉗对"一带一路"的资金支持和保障力度；二是改善传统的间接融资的支持和服务，如通过金融创新解决期限错配问题；三是加强直接融资对"一带一路"建设的支持和安排，即加强多层次资本市场的建设，与"一带一路"沿线国家资本市场对接合作，为"一带一路"建设提供资金支持；四是加强开发性金融方面的支持和安排，如中国国家开发银行、中国进出口银行以及其他一些开发性金融机构为"一带一路"提供资金支持。不仅如此，还要加强包括国际多边开发金融机构之间的合作；五是加强保险业对"一带一路"建设的支持和安排；六是加强"一带一路"金融创新，如普惠金融、绿色金融和科技金融；七是加强完善PPP机制，加强"一带一路"沿线国家的 PPP 合作；八是构建中国及金砖国家的信用评级机构，对"一带一路"金融机构进行评级，提升评级，降低融资成本。

未来，随着"一带一路"多元化投融资体系的不断完善，将有效地弥补沿线国家工程项目的资金缺口，加快 PPP 项目落地的速度。

3. 建立长期稳定可持续的"一带一路"建设融资机制

习近平总书记强调，金融支持对推进"一带一路"建设具有关键作用，要拓宽融资渠道，创新融资方式，降低融资成本，打通融资这一项目推进的关键环节。

"一带一路"建设资金需求量非常大，远非一国投入所能解决，应该坚持"多方参与共建、多种融资方式并举"的原则：一是多方参与共建，"一带一路"沿线六十多个国家都是工程项目的平等参与者，也是最终受益者，应该联合共建，不仅要调动外方社会资本和国际资本的资源，更要动员项目所在国投入资金或给予政策支持，形成"共担风险，共同受益"的利益共同体；二是多种融资方式并举，既要创新投融资模式，以国际上通行的、经过欧美和日本等发达国家检验的 PPP 模式吸引包括交通运输、能源、环保、文化、旅游等各类社会资本积极参与，又要借助银行、基金、信托等金融机构的力量；三是坚持市场化运作和商业可持续原则，重点设计和推出市场需求量较大、现金流稳定、"造血"功能

㉗ 政策性金融，是指在一国政府支持下，以国家信用为基础，运用各种特殊的融资手段，严格按照国家法规限定的业务范围、经营对象，以优惠性存贷利率，直接或间接为贯彻、配合国家特定的经济和社会发展政策，而进行的一种特殊性资金融通行为。它是一切规范意义上的政策性贷款，一切带有特定政策性意向的存款、投资、担保、贴现、信用保险、存款保险、利息补贴等一系列特殊性资金融通行为的总称。

强的项目，通过市场化的运作，实现项目本身的持续性，这也与"一带一路"倡议的初衷相符合。

4. 支持"一带一路"PPP 的多层次融资网络逐渐形成

据了解，目前支持"一带一路"PPP 的多层次融资网络逐渐形成，主要包括传统及新兴的多边金融机构，此外，还有中国的政策性银行、商业银行和进出口信用保险机构等。

（1）"四大资金池"支持"一带一路"PPP 项目

目前，包括亚洲基础设施投资银行、丝路基金、金砖国家新开发银行以及上合组织开发银行等"四大资金池"均为推动"一带一路"建设提供资金保障。截至 2015 年 3 月末，亚洲基础设施投资银行意向创始成员国总数增至 57 国，涵盖亚洲、大洋洲、欧洲、非洲、美州等五大洲，其中包括英、德、法等发达国家。在亚洲基础设施投资银行机制下，通过推进一些基础设施建设 PPP 项目，实现社会资本的参与。

（2）区域性和国际组织助力"一带一路"PPP 项目

除上述"四大资金池"外，区域性和国际性组织也积极为"一带一路"PPP 项目提供资金支持。以福建省福州市为例，作为中国古代"海上丝绸之路"的重要发源地，2014 年 5 月，福州市政府、国开行福州分行、中非发展基金合作成立了"海上丝绸之路基金"，总规模上百亿元，通过基金的市场化运作参与"21 世纪海上丝绸之路"建设。

（3）国内金融机构支持"一带一路"PPP 项目

随着"一带一路"倡议的逐步实施，我国企业正加快在沿线国家和地区的投资、建设。此外，作为"一带一路"建设重要的支撑力量，我国银行业金融机构也加快海外拓展的步伐，支持沿线国家的 PPP 项目。

2014 年 12 月 24 日的国务院常务会议明确指出，"一带一路"倡议将吸收社会资本参与，采取债权、基金等形式，为"走出去"企业提供长期外汇资金支持，需要采取金融创新的方式来带动民间资本，使资金链更能满足大型基建的需求。

未来，随着多元投融资体系的不断完善，将有效弥补"一带一路"PPP 项目资金缺口。

二、"一带一路"PPP 项目的资金融通

社会资本投资"一带一路"PPP 项目，重点要解决的是项目资金问题。因此，多元化的资金渠道十分重要。对中国企业而言，与在国内市场投资 PPP 项目有所不同，需要拓宽思路，多条腿走路，通过各种方式融得资金，使得项目资

金模式多元化：既需要传统的国内银行贷款、还需要亚洲基础设施投资银行、丝路基金、金砖国家新开发银行和上合组织开发银行的有力资金支持。不仅如此，还需要借助亚洲开发银行、世界银行等国际金融机构的资金支持㉘。

1. 传统国际金融机构

世界银行和亚洲开发银行是传统的国际金融机构，长期以来对发展中国家提供资金与知识技术方面的支持。世界银行是世界银行集团的简称，世界银行集团包括五个成员机构，分别为国际复兴开发银行、国际开发协会、国际金融公司、多边投资担保机构和国际投资争端解决中心。其中，国际复兴开发银行和国际开发协会是提供资金的主要机构，主要形式是给发展中国家的政府和由政府担保的公私机构提供优惠贷款。数据显示，2016 年国际复兴开发银行和国际开发协会二者合计提供贷款 459 亿美元，对于东亚和太平洋地区、欧洲和中亚、南亚等"一带一路"建设集中区域分别提供贷款 75 亿、72.7 亿、83.6 亿美元。2016 年亚行援助总额（含联合融资）达 317 亿美元，较 2015 年增长了 18%。

2. 专项投资资金

专项投资资金是由政策性银行、商业性金融机构、外汇储备等发起和出资成立的主要投资于东盟、非洲和欧亚等"一带一路"覆盖的地域。主要包括丝路基金、中国—东盟投资合作基金、中非发展基金等。截至 2017 年 3 月，丝路基金已签约 15 个项目，承诺投资金额累计约 60 亿美元，投资范围覆盖中亚、南亚、东南亚、西亚、北非及欧洲等地区的基础设施、资源开发、产业合作、金融合作等领域。丝路基金还出资 20 亿美元成立了中哈产能合作基金，基金内部决策批准投资项目 6 个、批准投资额 5.42 亿美元。

公开资料显示，中国—东盟投资合作基金成立于 2010 年 4 月，是经中国国务院批准、国家发改委核准的离岸美元股权投资基金。基金一期 10 亿美元投资了东盟 8 国 10 个项目，到 2015 年底基本投资完毕。项目涵盖港口、航运、通讯、矿产、能源、建材、医疗服务等多个领域。二期基金将达 30 亿美元，确立了以产能合作与基础设施为重点投资领域，将重点关注工业园区、电力、机械、建材、钢铁、化工项目，以及港口、机场、电力电网、通信骨干网项目。中非发展基金于 2007 年 6 月开业运营，初始设计规模 50 亿美元，由国家开发银行承办，外汇储备提供资金支持。截至 2016 年底，中非发展基金对非洲已实际投资了 88 个项目，分布在 37 个非洲国家，主要形式是与中国企业成立合资公司对非

㉘ 据介绍，当前同"一带一路"密切关联的资金池主要有传统国际金融机构、开发性和政策性金融机构、商业银行、专项投资资金和新兴多边开发金融机构。世界银行和亚洲开发银行均有部分资金用于支持"一带一路"区域的基建等项目；国开行、进出口银行等政策性银行有能力和意愿提供长期资金支持；商业银行是市场化支持"一带一路"的主力军，且各行的政策积极、明确；由外储和政策性银行等出资的专项投资基金为"一带一路"提供了股权形式的资金支持。

进行直接投资和经营,设计基础设施、加工制造、能源矿产等领域,投资金额累计40亿美元,带动企业投资及银行贷款共达170亿美元。

3. 新型多边开发金融机构

投资"一带一路"的新兴多边开发金融机构主要有:亚洲基础设施投资银行、金砖国家新开发银行和上合组织开发银行等。

(1)亚洲基础设施投资银行是一个政府间性质的亚洲区域多边开发机构,成立宗旨是为了促进亚洲区域的建设互联互通化和经济一体化的进程,并且加强中国及其他亚洲国家和地区的合作,是首个由中国倡议设立的多边金融机构,总部设在北京。亚投行涵盖57个成员国,以满足亚洲基础设施投资需求为目的,法定资本为1000亿美元,中国出资50%,即500亿美元。截至2017年3月,亚投行累计发放17.3亿美元的贷款以支持7个国家(巴基斯坦、孟加拉国、塔吉克斯坦、印度尼西亚、缅甸、阿塞拜疆和阿曼)的9个基础设施项目,撬动了125亿美元的投资。截至2017年5月,亚投行有77个正式成员国。

亚投行相关负责人表示,"一带一路"致力于实现跨国互联互通,这与亚投行所关注的焦点相一致,亚投行将支持"一带一路"沿线经济走廊上有利于互联互通的相关项目。"一带一路"将为私人资本带来巨大的发展机会,亚投行引入PPP模式,希望鼓励更多的私人资本参与基础设施建设项目,提升其参与基础设施投资能力。

(2)2015年7月,金砖国家依照《福塔莱萨宣言》正式成立了金砖国家新开发银行。在初始运营阶段主要针对金砖五国发放贷款。创始成员国覆盖美洲、亚洲、欧洲和非洲,法定资本金1000亿美元,首批到位资金500亿美元。中国出资410亿美元,俄罗斯、巴西和印度分别提供180亿美元,南非提供其余的50亿美元。2016年,金砖新开发银行批准的7个贷款项目规模达到15亿美元,集中在绿色能源和交通方面。截至2017年9月,金砖国家新开发银行已批准11个项目,承诺贷款总额达到30亿美元。金砖五国已共同承诺,将建立新开发银行项目准备基金。金砖新开发银行计划到2018年完成35个项目80亿美元贷款的目标,预计到2021年,项目贷款总额将达到320亿美元。

作为"一带一路"重要国家,中国也获得了金砖国家新开发银行的贷款。截至2017年9月初,金砖国家新开发银行对华贷款已达到58亿元人民币。2017年9月3日,金砖国家新开发银行在厦门与我国福建、湖南、江西三省分别签署贷款协议,以支持这三个省有关绿色发展项目建设。前述三个省获得总规模达8亿美元的贷款,资金将用于福建省莆田平海湾海上风电项目、湖南省长株潭绿心区域生态综合治理项目、江西省工业低碳转型绿色发展示范项目。

2017年9月4日通过的《金砖国家领导人厦门宣言》表示,金砖国家财政部长和央行行长就政府和社会资本合作(PPP)达成共识,包括分享PPP经验,开展金砖国家 PPP 框架良好实践等。媒体报道称,2017 年 9 月 4 日,金砖国家领导人第九次会晤大范围会议在厦门举行。国家主席习近平在会上宣布,中方将设立首期 5 亿元人民币金砖国家经济技术合作交流计划,用于加强经贸等领域政策交流和务实合作;向新开发银行项目准备基金出资 400 万美元,支持银行业务运营和长远发展。新开发银行和应急储备安排的建立,为金砖国家基础设施建设和可持续发展提供了融资支持,为完善全球经济治理、构建国际金融安全网作出了有益探索。

三、中资银行积极支持"一带一路"PPP

随着"一带一路"倡议的逐步实施和我国企业加快在沿线国家和地区的投资,我国银行业金融机构也加快海外拓展的步伐。为此,近年来央行等金融管理部门积极引导各类金融机构不断加大对"一带一路"PPP 项目的资金融通力度。

1. "一带一路"建设为中资银行带来巨大机遇

我国具有资本、技术和产能等诸多优势,也正在积极对外投资。对资金需求强烈的"一带一路"建设为中资银行带来巨大机遇。[29]

银行为"一带一路"提供金融服务,对银行自身来讲也提供了业务增长的机会。具体表现在以下几个方面:一是贸易金融业务。"一带一路"倡议下,对外贸易、对外承包工程和对外劳务合作将会大发展,对银行的贸易金融需求相应地会大幅度增加;二是投资银行业务。社会资本、地方政府需要大量债券融资、融资租赁、资产证券化、私募股权基金等直接融资服务以及财务顾问、工程保险、造价咨询、现金管理、融资咨询等其他金融服务的支持,银行在这方面有突出的优势;三是资产管理业务。"一带一路"倡议下,全球资产配置、现金管理和消费金融等需求越来越强烈,需要银行提供相应的资产管理服务。

2. 中资银行积极"走出去"

2015 年 3 月,国家发展改革委、外交部、商务部联合发布《愿景与行动》强调政策沟通、设施联通、贸易畅通、资金融通和民心相通。其中,资金融通是"一带一路"建设的重要保障,面对沿线各国投资项目巨大的资金需求,加大资金融通和金融服务势在必行。深化金融合作,推进亚洲货币稳定体系、投融资体系和信用体系建设。扩大沿线国家双边本币互换、结算的范围和规模。推动亚洲债券市场的开放和发展。深化中国—东盟银行联合体、上合组织银行联合体务实

---

[29] 招商宏观研究显示,目前中国"一带一路"投资主要依赖国内商业银行通过境外机构(比如内保外贷)、政策性银行(比如国家进出口银行、国家开发银行)、传统国际金融机构、专项投资资金和新兴多边开发金融机构等。

合作，以银团贷款、银行授信等方式开展多边金融合作。支持沿线国家政府和信用等级较高的企业以及金融机构在中国境内发行人民币债券。符合条件的中国境内金融机构和企业可以在境外发行人民币债券和外币债券，鼓励在沿线国家使用所筹资金。

（1）中资银行海外机构大大增加银团贷款、项目融资、股权融资、并购贷款、跨境现金管理、大宗商品融资等市场机会。

（2）随着"一带一路"倡议的推进，将会产生大量的人民币跨境投融资、跨境资金归集、跨境并购、汇兑结算和套期保值等金融需求，从而带动人民币跨境业务高速增长。中国银行业在支持中国企业投资"一带一路"项目的同时，将促进人民币国际化❸⓿，为银行海外机构在人民币清算方面提供了新的业务机遇。

"一带一路"建设为人民币国际化提供了有利契机和重要发展平台❸①。就"一带一路"PPP项目而言，社会资本一定要充分重视汇率风险和交易成本。因此，中国企业要积极努力扩大人民币跨境使用。从专业的角度分析，中国企业对外投资使用人民币有诸多好处：一是可以降低PPP项目投资的汇率风险和交易成本；二是为更多的PPP项目开辟自主和可持续的融资渠道，中国企业降低对外币的依赖和风险程度；三是可以有效带动中国企业的对外投资、产品出口和技术推广。

目前我国正在加大人民币的国际化进程，且正在扩大与"一带一路"沿线国家的双边本币互换、结算的范围和规模，共同推进和成立了亚洲基础设施投资银行、丝路基金、金砖国家新开发银行、上合组织开发银行，这为中国企业参与"一带一路"沿线国家PPP投资提供了资金上的支持和保障。

（3）中资银行迎来国际化发展的新机遇，主要体现在加快中国银行业海外机构布局的步伐、增强中国银行业的国际化视野和国际化的管理能力等。

总之，良好的投融资机制和稳定的资金输送是"一带一路"PPP项目顺利落地的前提和基础。截至2016年12月，中国人民银行与境外36个国家和地区的央行或货币当局签署了双边本币互换协议，总额度超过3.15万亿元人民币，其中与

---

❸⓿　人民币国际化是指人民币能够跨越国界，在境外流通，成为国际上普遍认可的计价、结算及储备货币的过程。人民币国际化的含义包括三个方面：第一，人民币现金在境外享有一定的流通度；第二，以人民币计价的金融产品成为国际各主要金融机构包括中央银行的投资工具；第三，国际贸易中以人民币结算的交易要达到一定的比重。这是衡量货币包括人民币国际化的通用标准，其中最主要的是后两点。

❸①　由中国银行2016年12月发布的《2016年度人民币国际化白皮书》中，中国银行对17个"一带一路"沿线国家238个企业进行了系统调研。结果显示，74％的"一带一路"沿线受访企业能够在当地较为方便地获得所需人民币产品和服务，这一比重较2015年的调查结果微升了2个百分点，表明人民币产品和服务在"一带一路"沿线国家的覆盖水平继续改善。

21个"一带一路"沿线国家和地区签署了高达1.3万亿元人民币规模的本币互换协议,在7个国家设立了人民币清算行。截至2016年12月,共有9家中资银行在26个"一带一路"沿线国家设立了62家一级机构,其中包括18家子行、35家分行、9家代表处。在"一带一路"沿线国家中,已有20个国家的54家商业银行在华设立了6家子行、1家财务公司、20家分行以及40家代表处。

3. "一带一路"金融服务,中资商业银行地位重要

据媒体调查,在目前的"一带一路"金融服务中,中资商业银行起着重要作用,这一点与国内PPP市场相同。作为市场化的间接融资金融机构,中资商业银行在"一带一路"投融资中地位重要,如制定多项信贷政策及措施,通过银团贷款、对外承包工程贷款、互惠贷款等多样化的金融工具对"一带一路"建设提供资金支持,投资范围涵盖了公路、铁路、港口、电力、通信等多个领域。中资商业银行跨境金融服务为中国企业投资"一带一路"提供必要的支持和保障。

统计数据显示,中资商业银行积极推进"一带一路"建设,取得了明显的成果,见表4-1。

中国银行业推进"一带一路"建设成果 表4-1

序号	银行	成 果
1	中国银行	中国银行与全球超过1600家机构建立了代理行关系,覆盖179个国家和地区,其中在"一带一路"沿线国家有500家代理机构。作为国际化程度最高的中资银行(海外机构已经覆盖52个国家和地区,包括20个"一带一路"沿线国家),中国银行一直积极响应国家"一带一路"倡议,努力构建"一带一路"金融大动脉,力争成为"一带一路"资金融通主干线、主渠道、主动脉:一是推进沿线机构网点体系建设;二是推进多元化金融服务体系建设,为"一带一路"沿线企业提供包括商业银行、投资银行、保险、股权投资、基金、航空租赁等在内的多元化金融服务;三是积极推进人民币国际化产品体系建设;四是紧紧围绕货币合作,完善人民币国际化基础设施(在人民银行指定的23家离岸人民币清算行中,中国银行已占据11席,包括马来西亚、匈牙利两个"一带一路"沿线国家)。2016年,中国银行"一带一路"沿线海外机构国际结算业务量累计近2000亿美元,境内分行办理"一带一路"沿线国家信用证业务达245亿美元,保函业务达75亿美元,为支持"一带一路"项下贸易往来发挥了重要作用。2016年,中国银行集团跨境人民币结算量超过4万亿元,位于全球第一,境内机构跨境人民币结算量2.35万亿元,市场份额约四分之一,其中,与"一带一路"沿线国家跨境人民币结算量超过2000亿元。截至2016年末,中国银行跟进境外重大项目约420个,为"一带一路"沿线国家提供各类授信支持约600亿美元,撬动投资超过4000亿美元。截至2017年4月,中国银行以"一带一路"沿线国家为重点,累计支持中国企业"走出去"项目2700个,提供贷款承诺1100亿美元,贷款余额达600亿美元
2	中国工商银行	截至2017年一季度末,中国工商银行在全球42个国家和地区建立了400多家分支机构,其中127家境外机构可直接参与"一带一路"基础设施和产能合作。中国工商银行已累计支持"一带一路"沿线国家和地区项目212个,累计承贷额674亿美元,业务遍及亚、非、欧30多个国家和地区,涵盖电力、交通、油气、矿产、电信、机械、园区建设、农业等行业,基本实现了对"一带一路"重点行业的全覆盖

续表

序号	银行	成　　果
3	中国农业银行	中国农业银行共在全球 15 个国家和地区设立了 18 家境外机构和 1 家合资银行,其中在"一带一路"沿线国家设立机构 5 个;农业银行建立了"走出去"项目库,目前已有 100 多个"走出去"项目入库,涉及"一带一路"国家 30 多个,为中粮、中铁建、蒙牛、中联重科、三一集团等重点央企、地方国企以及大型民企提供了综合金融支持
4	中国建设银行	建设银行在参与"一带一路"建设方面先行先试,为中国与沿线国家的多方位合作搭起了更加广阔的平台。截至 2017 年 7 月,建设银行在"一带一路"沿线国家累计储备 268 个重大项目,遍布 50 个国家和地区,投资金额共计 4660 亿美元,主要涉及电力、建筑、矿产、交通、油气、通信等基础设施建设项目,基本实现了"一带一路"沿线国家的全覆盖
5	中国交通银行	截至 2016 年末,交行已向境内逾千个"一带一路"项目累计投放贷款超过近 3000 亿元人民币。投放金额占比排在前列的行业分别为交通运输、仓储和邮政业,水利、环境和公共设施管理业以及租赁和商务服务业
6	中国邮政储蓄银行	截至 2016 年末,邮储银行共建立代理行 1003 家,其中,覆盖"一带一路"国家 42 个、银行 242 个。邮储银行为中国铁路总公司提供 2000 多亿元资金,支持国内重大铁路及"一带一路"跨境铁路建设,并推动"一带一路"沿线交通基础设施建设。在巴基斯坦、印度等"一带一路"沿线国家将重点推进 10 余个项目,涉及交通、建筑、电力等项目
7	中信银行	中信银行围绕网点布局、信贷投放、产业基金、投行业务和跨境业务五方面,积极为中国企业"走出去"和"一带一路"建设提供全方位、综合化的金融服务。截至 2016 年末,中信银行"一带一路"储备项目已获表内授信批复 145 个,批复金额 952 亿元。截至 2017 年 3 月末,中信银行已立项"一带一路"沿线国家出口信贷项目 8 个,涉及印尼、埃及等"一带一路"国家
8	国家开发银行	2013 年以来,国开行与"一带一路"沿线国家合作方签署 140 余项协议。截至 2016 年年底,国开行已在"一带一路"沿线国家累计发放贷款超过 1600 亿美元,余额超过 1100 亿美元(贷款投向包括配合新亚大陆桥等 6 大国际走廊建设,通过融资支持哈萨克斯坦阿斯塔纳轻轨、老挝南欧江水电站等一批重大项目,有力地支持合作国基础设施建设),占其国际业务余额 30% 以上,在"一带一路"沿线国家储备外汇项目达 500 余个,融资需求总量 3500 多亿美元。此外,2013 年以来国开行还在"一带一路"国家发放境外人民币贷款超过 400 亿元,支持相关国家购买我国产品和服务
9	中国进出口银行	2014 年至 2016 年 11 月,进出口银行在"一带一路"沿线国家累计签约项目逾 900 个,签约金额超 6000 亿元,发放贷款 4500 多亿元,累计支持商务合同金额超过 3600 亿美元。截至 2017 年 6 月,中国进出口银行支持"一带一路"建设项下执行中项目超过 1200 个,分布于 50 多个国家,贷款余额超过 6700 亿元,广泛涉及设施联通、经贸合作、产业投资、能源资源合作等重点领域。如进出口银行支持了中塔公路、中吉乌公路、塔乌公路和乌铁路隧道、亚吉铁路等项目,有效促进了沿线国家的物理连接。在 2017 年 5 月举行的"一带一路"高峰论坛期间,进出口银行共达成 33 项具体成果,数量占到整个清单的 1/9,居金融机构之首;其中贷款协议 28 项,贷款总金额约 425 亿元,涉及铁路、公路、桥梁、港口、电信等基础设施联通项目 10 个,火电、风电、水电、输变电、卫星、轮胎、采矿、工业园等经贸与产能合作项目 18 个

四、保险资金支持"一带一路"建设

1. 保险资金与 PPP 具有天然一致性

PPP 项目具有投资规模大、合作周期长、收益率不高的特点，与银行信贷、基金、信托等金融工具相比，保险资规模大、期限长和收益率合理，因此具有突出的比较优势。概括来说，保险资金与 PPP 具有天然一致性。

分析认为，对保险资金而言，应把握好国家重大工程的政策红利，有效地支持国家重大决策如"一带一路"、长江经济带、京津冀协同发展、雄安新区建设等，最终实现保险资金投资增值与支持国家重大战略、服务实体经济发展的双赢。

中国保险资产管理业协会的数据显示，自 2013 年 9 月"一带一路"倡议首次提出至 2017 年 3 月末，保险资金投入 6260.04 亿元；自 2014 年 9 月长江经济带规划出台至 2017 年 3 月末，债权投资计划投入 1844.08 亿元；自 2015 年 4 月京津冀协同发展规划纲领通过至 2017 年 3 月末，债权投资计划投入 903.42 亿元；自 2013 年 7 月国务院提出棚户区改造至 2017 年 3 月末，债权投资计划共投向 29 个棚户区改造项目，向全国 9 个省份和 2 个直辖市投入 1041.06 亿元。

2. 我国政策支持保险业保障"一带一路"建设

据了解，2017 年上半年，中国保监会连续发布《关于保险业服务"一带一路"建设的指导意见》、《关于保险业支持实体经济发展的指导意见》和《关于债权投资计划投资重大工程有关事项的通知》等一系列关于支持国家重大发展战略、国计民生项目和服务实体经济的相关文件。

2017 年 4 月，中国保监会发布《关于保险业服务"一带一路"建设的指导意见》（保监发〔2017〕38 号，以下简称《意见》），《意见》指出，要充分认识保险业服务"一带一路"建设的重要意义：一方面，发挥保险功能作用，是顺利推进"一带一路"倡议的重要助力。"一带一路"倡议辐射区域涉及国别众多，人口数量庞大，地缘政治、经济关系复杂多变，我国企业"走出去"过程中将面临较多的政治、经济、法律风险和违约风险。保险业作为管理风险的特殊行业，自身特点决定了行业服务"一带一路"建设具有天然优势，能够为"一带一路"跨境合作提供全面的风险保障与服务，减轻我国企业"走出去"的后顾之忧，为加快推进"一带一路"建设提供有力支撑。另一方面，融入"一带一路"建设，是建设保险强国的必由之路。"一带一路"倡议的实施，必将开创我国全方位对外开放新格局。"一带一路"建设为保险业创造了巨大的战略机遇，是保险业全面融入国家战略，扩大对外开放，实现行业跨越式发展的有利契机，对于提升我国保险业国际化能力和水平、增强国际竞争力、促进我国由保险大国向保险强国转变具有重要意义。

　　《意见》指出了保险业服务"一带一路"的基本原则，一共有三方面内容：一是坚持"保险业姓保"、服务大局。围绕"一带一路"建设总体规划和扩大开放宏观布局，坚守"保险业姓保"的行业根基，充分发挥保险功能作用，主动对接"一带一路"建设过程中的各类保障需求和融资需求，不断创新保险产品服务，努力使保险成为"一带一路"建设的重要支撑。二是坚持统筹推进、重点突破。统筹做好保险业服务"一带一路"建设顶层设计，从行业层面整体推进，在产品、资金、机构、人才等领域协同发力，提升保险业服务"一带一路"建设的渗透度和覆盖面。坚持问题导向，围绕"一带一路"建设的重点区域、重点方向、重点领域，先易后难、由点及面，积极探索更高效、更便捷的保险服务方式，及时总结可复制可推广的经验。三是坚持市场运作、持续发展。遵循市场规律和国际通行规则，充分发挥保险功能作用，增强对"一带一路"建设的服务和保障能力，培育我国保险业核心竞争力。四是坚持开放创新、合作共赢。抓住机遇，顺应"一带一路"互联互通的趋势，加快保险业国际化步伐，推动保险业互联互通，提高我国保险业在国际上的影响力和话语权。

　　此外，《意见》指出，构建"一带一路"建设保险支持体系，为"一带一路"建设提供全方位的服务和保障：一是大力发展出口信用保险和海外投资保险，服务"一带一路"贸易畅通。综合运用中长期出口信用保险、短期出口信用保险、海外投资保险、资信评估等产品和服务，对风险可控的项目应保尽保，推动国家重大项目加快落地。鼓励政策性保险机构扩大中长期出口信用保险覆盖面，增强交通运输、电力、电信、建筑等对外工程承包重点行业的竞争能力，支持"一带一路"示范项目及相关共建行动的落实。推动放开短期出口信用保险市场。鼓励政策性保险机构加快发展海外投资保险，创新保险品种，扩大承保范围，支持优势产业产能输出，推动高铁、核电等高端行业向外发展，促进钢铁、水泥和船舶等行业优势产能转移。二是创新保险产品服务，为"一带一路"沿线重大项目建设保驾护航。鼓励保险机构根据国内"一带一路"核心区和节点城市建设中的特殊风险保障需求，积极发展各类责任保险、货物运输保险、企业财产保险、工程保险、失地农民养老保险、务工人员意外伤害保险等个性化的保险产品服务，化解核心区和节点城市建设中出现的各类风险，减轻政府和企业压力，优化社会治理，保障民生。鼓励保险机构大力发展跨境保险服务，根据"一带一路"沿线国家和地区的风险特点，有针对性地开发机动车出境保险、航运保险、雇主责任保险等跨境保险业务，为沿线"互联互通"重要产业、重点企业和重大建设项目提供风险保障。大力发展建筑工程、交通、恐怖事件等意外伤害保险和流行性疾病等人身保险产品，完善海外急难救助等附加服务措施。三是创新保险资金运用方式，为"一带一路"建设提供资金支持。充分发挥保险资金规模大、期限长、稳定性高的优势，支持保险机构在依法合规、风险可控的前提下，多种方式参与"一带一路"重大项目建设。支持保险资金通过债权、股权、股债结合、股权投资计划、资产支持计划和私募基金等方式，直接或间接投资"一带一路"重大投资项目，促进共同发展、共同繁荣。支持保险机构通过投资亚洲基础设施投资银行、丝路基金和其他金融机构推出的债权股权等金融产品，间接投资"一带一路"互联互通项目。推动保险机构不断提高境外投资管理能力，进一步拓展保险资金境外投资国别范围，完善境外重大投资监管政策，加强保险资金境外投资监管。积极发展出口信用保险项下的融资服务，发挥撬动融资的杠杆作用，满足"一带一路"建设多样化的融资需求。

《意见》还指出加快保险业国际化步伐，推动保险业"一带一路"互联互通：一是支持保险业稳步"走出去"，构建"一带一路"保险服务网络。鼓励保险机构加大对"一带一路"项目的承保支持、技术支持和本地服务支持，加快建设海外承保、理赔作业、救援等境外服务网络，为服务"一带一路"建设提供有效网络依托。二是打造交流合作平台，提升保险业服务"一带一路"建设的整体能力。建立健全协同推进机制，推动保险机构加强业务协作，为我国企业"走出去"构建全方位保障体系。组建行业战略联盟，探索建立保险业"一带一路"国际保险再保险共同体和投资共同体，打造国内外保险行业资源共享和发展平台，提升整体承保和服务能力。推动搭建"一带一路"建设保险需求与供给对接平台，探索建立全行业风险数据库和保险资金运用项目库，加强行业内外部信息共享。加快区域性再保险中心建设，为我国保险机构"走出去"提供支撑。三是加强保险监管互联互通，推动我国保险监管标准和技术输出。借助国际保险监督官协会、亚洲保险监督官论坛等平台，加强与"一带一路"沿线国家保险监管部门的沟通和联系，建立双边、多边监管合作机制，宣讲"丝路故事"，争取沿线重要国家和地区对我国保险业参与"一带一路"建设的支持，优化企业"走出去"的政策环境。推进中国风险导向偿付能力体系的国际化，提升其国际影响力，力争成为新兴市场和亚洲地区代表性偿付能力监管体系。

在保障措施方面，要统筹各方资源和力量，形成合力，系统服务"一带一路"建设。保险监管部门要加强与政府相关部门的沟通协调，推动搭建与政府、金融机构"互联互通"的政策协调与信息交流平台，及时向行业传递"一带一路"建设相关政策、重大项目和保险需求等信息，引导保险机构发挥自身特色和优势，合力支持"一带一路"建设。保险机构要加强与保险同业以及其他金融机构的业务协作，为"一带一路"重大项目建设提供一站式、全方位的金融保险服务。

3. 保险支持"一带一路"项目初见成效

2017 年 5 月，中国保监会印发《关于债权投资计划投资重大工程有关事项的通知》（以下简称《债权投资通知》），指出在风险可控的前提下，支持保险资金投资对宏观经济和区域经济具有重要带动作用的重大工程。保险资金通过债权投资计划形式投资对宏观经济、区域经济和社会发展具有重要带动作用的重大工程，将在增信环节、注册效率等方面获得政策倾斜。《债权投资通知》明确了保险资金通过债权投资计划形式投资重大工程的支持政策：一是优化增信安排。债权投资计划投资经国务院或国务院投资主管部门核准的重大工程，且偿债主体具有 AAA 级长期信用级别的，可免于信用增级[32]。这些项目主要集中在水利、能源、交通以及高新技术和先进制造业等重点领域，投资规模大，对区域经济和社会发展带动作用强[33]。在项目论证、立项和审批等阶段，相关部门已进行严格评估和规范，投资风险可控。适度优化增信安排，可在不增加实质性风险的同时，简化投资流程，降低企业融资成本，扩大有效投资。二是提高注册效率。对投资"一带一路"建设等国家发展战略的重大工程的债权投资计划，建立专门的业务受理及注册绿色通道，优先办理，满足重大工程融资时间紧、效率要求高的需求。"债权投资计划投资'一带一路'、京津冀协同发展、长江经济带、军民融合、《中国制造 2025》、河北雄安新区等国家发展战略的重大工程的，注册机构建立专门的业务受理及注册绿色通道，优先受理。"可以说，《债权投资通知》有利于疏通保险资金进入"一带一路"建设项目，为"一带一路"项目的发展创造良好的金融环境。

中国保险资产管理业协会紧跟保监会积极支持经济发展大局步伐，协会于 2017 年 5 月发布了《关于建立债权投资计划投资重大工程业务受理及注册绿色通道的通知》，明确债权投资计划投资"一带一路"、京津冀协同发展、长江经济带建设、军民融合、《中国制造 2025》、河北雄安新区等符合国家发展战略的重大工程，可申请注册绿色通道服务。

2017 年 6 月，国内首单绿色通道项目太平—云南铁投"一带一路"铁路项目债权投资计划注册成功[34]。公开资料显示，长期以来，由于地处边疆、地形复

---

[32]　据介绍，按现有监管规定，债权投资计划免增信条件较高，关键指标是要求偿债主体最近两个会计年度净资产不低于 300 亿元、年营业收入不低于 500 亿元。能够同时满足这些指标的融资主体并不多。通过 Wind 系统测算，同时满足上述指标的国内发债主体仅 155 家（金融类企业除外）。

[33]　从行业特点来看，地铁、轨道交通等基础设施投资企业和部分战略新兴企业一般营业收入较低，难以达到免增信要求。部分信用资质很好的企业只能采取以项目公司作为融资主体，自身进行担保的增信方式进行融资，从而增加了偿债主体的融资成本和保险资金的投资风险。《债权投资通知》免增信条件主要集中在水利、能源、交通以及高新技术和先进制造业等重点领域，投资规模大，对区域经济和社会发展具有重要带动作用。

[34]　2017 年 6 月，太平资产管理有限公司上报了首单绿色通道项目，协会高度重视并严格按照要求，受理后立即实行并联查验和反馈，并在随后的补充材料过程中与机构积极主动沟通。6 月 30 日协会在接到补充完善的材料后立即召开专业注册会并完成注册程序，整个项目协会端工作时长为 3.09 个工作日，注册效率较一般注册项目 6 个工作日的标准提高近 50%。

杂、经济落后，云南省铁路建设走在了全国铁路发展的末端。但云南与"一带一路"沿线的东南亚相邻，靠近南亚，对"两亚"开放具有独特优势。近年来，云南构建"八出省、五出境"铁路网络，建设中（国）越（南）、中（国）老（挝）、中（国）缅（甸）❸、中（国）缅（甸）印（度）五大出境通道，构筑云南铁路通江达海、连接周边的枢纽中心。随着国家"一带一路"倡议的部署和实施，云南在"一带一路"倡议中被定位为"建设成为面向南亚、东南亚的辐射中心"。云南作为"中国面向东盟的桥头堡"的区位优势将进一步显现出来。报道称，云南铁路建设借"一带一路"发展机遇换挡提速。2016 年，中国铁路计划完成固定资产投资 8000 亿元，其中云南省投资计划就达 314 亿且要力争完成 350 亿。

4. 保险资金投资 PPP 的条件

为推动 PPP 项目融资方式创新，更好支持实体经济发展，2017 年 5 月，中国保监会下发《关于保险资金投资政府和社会资本合作项目有关事项的通知》（保监发〔2017〕41 号，以下简称《通知》）❸，《通知》针对 PPP 项目公司融资特点，给予了政策创新支持：一是拓宽投资渠道，明确保险资金可以通过基础设施投资计划形式，向 PPP 项目公司提供融资；二是创新投资方式，除债权、股权方式外，还可以采取股债结合等创新方式，满足 PPP 项目公司的融资需求；三是完善监管标准，取消对作为特殊目的载体的 PPP 项目公司的主体资质、信用增级等方面的硬性要求，交给市场主体自主把握；四是建立绿色通道，优先鼓励符合"一带一路"、京津冀协同发展、长江经济带、脱贫攻坚和河北雄安新区等 PPP 项目开展融资。

此外，《通知》指出投资计划投资的 PPP 项目，除满足《保险资金间接投资基础设施项目管理办法》（保监会令 2016 年第 2 号）第十一、十二条的有关规定❸外，还应当符合的条件有：一是属于国家级或省级重点项目，已履行审批、核准、备案手续和 PPP 实施方案审查审批程序，并纳入国家发展改革委 PPP 项目库或财政部全国 PPP 综合信息平台项目库；二是承担项目建设或运营管理责

---

❸ 清水河口岸、瑞丽口岸分别出境。

❸ 本通知所称保险资金投资 PPP 项目，是指保险资产管理公司等专业管理机构作为受托人，发起设立基础设施投资计划，面向保险机构等合格投资者发行受益凭证募集资金，向与政府方签订 PPP 项目合同的项目公司提供融资，投资符合规定的 PPP 项目。

❸ 《保险资金间接投资基础设施项目管理办法》第十一条规定，投资计划投资的基础设施项目应当符合的条件为：（一）符合国家产业政策和有关政策；（二）项目立项、开发、建设、运营等履行法定程序；（三）融资主体最近 2 年无不良信用记录；（四）中国保监会规定的其他条件。第十二条规定，投资计划不得投资有下列情形之一的基础设施项目：（一）国家明令禁止或者限制投资的；（二）国家规定应当取得但尚未取得合法有效许可的；（三）主体不确定或者权属不明确等存在法律风险的；（四）融资主体不符合融资的法定条件的；（五）中国保监会规定的其他情形。

任的主要社会资本方为行业龙头企业,主体信用评级不低于 AA+,最近两年在境内市场公开发行过债券;三是 PPP 项目合同的签约政府方为地市级(含)以上政府或其授权的机构,PPP 项目合同中约定的财政支出责任已纳入年度财政预算和中期财政规划。所处区域金融环境和信用环境良好,政府负债水平较低;四是建立了合理的投资回报机制,预期能够产生持续、稳定的现金流,社会效益良好。

《通知》还指出,保险资金投资 PPP 项目,投资计划可以采取债权、股权、股债结合等可行方式,投资一个或一组合格的 PPP 项目。投资计划应当符合的条件有:一是经专业律师出具专项法律意见,认定投资的 PPP 项目运作程序合规,相关 PPP 项目合同规范有效;二是具有预期稳定现金流,可以覆盖投资计划的投资本金和合理收益,并设定明确可行、合法合规的退出机制;三是投资协议明确约定,在投资计划存续期间主要社会资本方转让项目公司股权的,须取得投资计划受托人书面同意。

五、探索"一带一路"PPP 资产证券化

所谓资产证券化,是以基础资产未来所产生的现金流为偿付支持,通过结构化设计进行信用增级,在此基础上发行资产支持证券的过程。

1. PPP 资产证券化特点

资产证券化的常见的资产类别包括金融机构信贷资产、企业债权资产、企业收益权资产、企业不动产等四大类。与普通的资产证券化相比,PPP 项目资产证券化有其特别之处,其以 PPP 项目未来所产生的基金流为基础资产。

PPP 资产证券化是一种新型的类固收产品,目前仍处于发展初期,其主要的特点有几个方面:

(1) 从收益来看,与普通的资产证券化相同,PPP 项目资产证券化需要进行结构化设计,是一种类固定收益产品,具备类固定收益的属性,具体来说,优先级收益相对稳定,次级享有浮动收益,中间级收益居中。

(2) 从期限来看,现在发行的收费收益权资产证券化产品的期限一般为 5~10 年,而通常情况下,PPP 项目的期限为 10~30 年。因此,为满足 PPP 项目的合作需求、匹配 PPP 项目期限和增强产品对投资者的吸引力,资产支持证券期限一般较长,也可达 10~30 年。

(3) 从基础资产范围来看,PPP 项目资产证券化可供选择的基础资产较为广泛,可分为使用者付费模式下的收费收益权(主要是供水、供电、供气、供暖等经营性项目)、"使用者付费+可行性缺口补助"模式下的收费收益权(主要是污水处理、垃圾处理等准经营性项目)和政府付费模式下的财政补贴(主

要是河道治理、公园等非经营性项目），此三种模式即 PPP 项目的三种回报机制。

基于此，PPP 项目资产证券化保障力度较大：第一种使用者付费的 PPP 项目通常市场需求稳定（如供水、供电、供气、供暖等均与社会公众的生活息息相关，属于民生类的项目）、现金流稳定、收益有充分的保障。而第三种政府付费的 PPP 项目经过 PPP 操作流程中的物有所值评价、财政承受能力论证等，此外政府付费还有人大决议并纳入财政预算，保障较大。第二种"使用者付费＋可行性缺口补助"模式则介于第一种和第三种之间。

（4）从现金流来看，我国各地方政府公布的鼓励社会资本参与的 PPP 项目涵盖了城市供水、供暖、供气、污水和垃圾处理、保障性安居工程、地下综合管廊、轨道交通、医疗和养老服务设施等项目，这些项目收费机制比较透明，一般都具有稳定的现金流，为今后的资产证券化提供了可能。此外，PPP 项目开始前就可以对项目进行充分尽职调查和财务测算，现金流可以很好地被预测。以某水务 PPP 项目为例。某县城区水源建设及供水项目主体工程投资规模约 5 亿元、自来水厂迁扩建工程投资规模约 1.5 亿元，县城河道整治及周边开发项目投资规模约 3.5 亿元。项目总投资规模约 10 亿元。经过对项目财务分析，公司财务净现值约 1 亿元，静态投资回收期约 8 年，项目具有较强的盈利性。

（5）从风险看，项目安全性高，公共基础设施项目资产良好，政府和社会资本合理分配风险，PPP 项目整体属于较为安全的资产。

2. PPP 项目资产证券化优点多

对广大社会资本而言，完善的退出机制是其参加 PPP 项目不可或缺的重要保障。然而，部分地方政府在推广 PPP 的进程中，存在"重准入保障，轻退出安排"的问题。因此，鉴于退出机制尚未健全，社会资本担心难以回收投入，对参与 PPP 项目存在较大的顾虑。2014 年 12 月，国家发改委颁布了《关于开展政府和社会资本合作的指导意见》（发改投资〔2014〕2724 号），在加强政府和社会资本合作项目的规范管理部分，将退出机制作为重要的一环予以规范，并提出政府要"依托各类产权、股权交易市场，为社会资本提供多元化、规范化、市场化的退出渠道。"

社会资本投资 PPP 项目后，大体有三种退出渠道：一是项目清算退出，二是股权回购/转让，三是资产证券化。其中，PPP 项目资产证券化为社会资本投资 PPP 项目提供退出渠道、有效降低原始权益人的债务杠杆、破解 PPP 项目融资难、提高社会资本的持续投资能力以及盘活 PPP 项目的存量资产等。分析认为，与信贷、公司债、股权等融资方式相比，资产证券化最重要的是信用基础非企业整体信用，而仅仅是被证券化的那部分资产，因此，企业可以发行比自身信用等级更高的证券化产品，降低融资成本和加速 PPP 项目资金流转。目前我国资产证券化产品主要以一般企业的应收账款为主，涉及 PPP 项目的资产证券化并不多。针对 PPP 项目融资难以及 PPP 项目投资后的资本流动性不足等问题，我国应大力发展 PPP 项目资产证券化，将其打造成加速 PPP 项目落地和 PPP 模式发展的重要引擎。

3. 我国 PPP 资产证券化加速

梳理发现，近年来，我国 PPP 资产证券化不断加速。

2014 年 11 月 16 日，国务院发布《关于创新重点领域投融资机制鼓励社会投资的指导意见》（国发〔2014〕60 号）提出，"推动铁路、公路、机场等交通项目建设企业应收账款证券化"。

2016 年 7 月 5 日，中共中央、国务院印发《关于深化投融资体制改革的意见》（中发〔2016〕18 号）指出，"依托多层次资本市场体系，拓宽投资项目融资渠道，支持有真实经济活动支撑的资产证券化，盘活存量资产，优化金融资源配置，更好地服务投资兴业。"

2016 年 5 月 13 日，证监会在其网站上发布《资产证券化监管问答（一）》，明确为社会提供公共产品或公共服务的相关收费权类资产、绿色环保产业相关项目的中央财政补贴部分可以作为基础资产开展资产证券化业务，同时 PPP 项目开展资产证券化原则上需为纳入财政部 PPP 示范项目名单、国家发展改革委 PPP 推介项目库或财政部公布的 PPP 项目库的项目。

2016 年 12 月 21 日，国家发展改革委、证监会联合印发《关于推进传统基础设施领域政府和社会资本合作（PPP）项目资产证券化相关工作的通知》（发改投资〔2016〕2698 号），鼓励进行资产证券化的 PPP 项目，明确要求项目已经正常运营 2 年以上，并已产生持续、稳定的现金流。

2017 年 1 月 9 日，发改委投资司、证监会债券部、中国证券投资基金业协会与有关企业召开了 PPP 项目资产证券化座谈会，标志着 PPP 项目资产证券化工作正式启动。

2017 年 2 月 17 日，中国证券投资基金业协会发布了《关于 PPP 项目资产证券化产品实施专人专岗备案的通知》。针对符合 2698 号文要求的 PPP 项目资产证券化产品，中国证券投资基金业协会将在依据《资产支持专项计划备案管理办法》的备案标准不放松的前提下即报即审，提升备案效率。

同日，上海证券交易所、深圳证券交易所同时发布了《关于推进传统基础设施领域政府和社会资本合作（PPP）项目资产证券化业务的通知》，提出对于符合 2698 号文条件的优质 PPP 项目资产证券化产品实行"5+3"（5 个工作日提出反馈意见，收到反馈后 3 个工作日明确是否符合挂牌要求）的即报、即审措施，提升挂牌效率。

2017 年 3 月 10 日，"华夏幸福固安工业园区新型城镇化 PPP 项目供热收费收益权资产支持专项计划❸"、"首创股份污水处理 PPP 项目收费收益权资产支持专项计划"、"中信建投—网新建投庆春路隧道 PPP 项目资产支持专项计划"和"广晟东江环保虎门绿源 PPP 项目资产支持专项计划"四个 PPP 资产证券化项目获准发行,标志着业界一直期盼的 PPP 资产证券化正式落地。

2017 年 6 月 7 日,财政部、中国人民银行、中国证监会联合发布《关于规范开展政府和社会资本合作项目资产证券化有关事宜的通知》(财金〔2017〕55号),鼓励项目公司开展资产证券化优化融资安排。在项目运营阶段,项目公司作为发起人(原始权益人),可以按照使用者付费、政府付费、可行性缺口补助等不同类型,以能够给项目带来现金流的收益权、合同债权作为基础资产,发行资产证券化产品。探索项目公司股东开展资产证券化盘活存量资产。除 PPP 合同对项目公司股东的股权转让质押等权利有限制性约定外,在项目建成运营 2 年后,项目公司的股东可以以能够带来现金流的股权作为基础资产,发行资产证券化产品,盘活存量股权资产,提高资产流动性。支持项目公司其他相关主体开展资产证券化。在项目运营阶段,为项目公司提供融资支持的各类债权人,以及为项目公司提供建设支持的承包商等企业作为发起人(原始权益人),可以合同债权、收益权等作为基础资产,按监管规定发行资产证券化产品,盘活存量资产,多渠道筹集资金,支持 PPP 项目建设实施。

4. 探索"一带一路"PPP 资产证券化

资产证券化在一些国家运用非常普遍。目前美国一半以上的住房抵押贷款、四分之三以上的汽车贷款是靠发行资产证券提供的。

中国企业在拓展"一带一路"市场的过程中,除了传统的总承包模式外,近几年采取 PPP 模式的情况越来越多。那么,为保障中国企业投资"一带一路"PPP 项目的权益,需要引入安全的退出机制成。因此,实施跨境 PPP 项目基础设施资产证券化、解决中国企业退出渠道势在必行。

建议认为,当下各国应该建立"一带一路"跨境基础设施证券交易所,为沿线社会资本参与"一带一路"跨境基础设施投资提供平台。

上述财政部、中国人民银行、中国证监会联合发布的《关于规范开展政府和社会资本合作项目资产证券化有关事宜的通知》(财金〔2017〕55 号)指出,择

---

❸ 作为首批 PPP 项目资产证券化中唯一一单园区 PPP 项目资产支持专项计划,此次获批的华夏幸福固安 PPP 资产支持专项计划发行人为华夏幸福基业股份有限公司(以下简称"华夏幸福")下属全资子公司固安九通基业公用事业有限公司,拟发行规模 7.06 亿元。其中,优先级资产支持证券募集规模为 6.7 亿元,分为 1 年至 6 年期 6 档,均获中诚信证券评估有限公司给予的 AAA 评级;次级资产支持证券规模 0.36 亿元,期限为 6 年,由九通基业投资有限公司(华夏幸福全资子公司、原始权益人固安九通基业公用事业有限公司控股股东)全额认购。作为国内领先的产业新城运营商,华夏幸福作为本交易差额支付承诺人和保证人,其提供的不可撤销的差额补足承诺可为本专项计划优先级资产支持证券本息的偿付提供较强的保障。

优筛选 PPP 项目开展资产证券化。优先支持水务、环境保护、交通运输等市场化程度较高、公共服务需求稳定、现金流可预测性较强的行业开展资产证券化。优先支持政府偿付能力较好、信用水平较高,并严格履行 PPP 项目财政管理要求的地区开展资产证券化。重点支持符合雄安新区和京津冀协同发展、"一带一路"、长江经济带等国家战略的 PPP 项目开展资产证券化。鼓励作为项目公司控股股东的行业龙头企业开展资产证券化,盘活存量项目资产,提高公共服务供给能力。

第五章　绿色金融在"一带一路"建设中的重要作用

企业海外投资，需要金融机构的大力支持。而通过金融手段，可以很好地约束企业海外投资环境保护行为。其中"绿色金融"无疑在"一带一路"建设资金支持、环境保护、社会责任等方面具有重要的作用。

一、"一带一路"沿线环境考量

近年来，虽然环境保护日益受到世界各国的重视，但全球生态环境仍不断恶化。自 1995 年《联合国气候变化框架公约》缔约方大会第一次会议以来，与天气有关的灾害已导致 60.6 万人死亡，受伤、无家可归或需要紧急援助的人数以亿计。2016 年 5 月第二届联合国环境大会发布的一系列报告显示，环境恶化导致人们过早死亡，对公共卫生造成威胁。全球 1/4 的死亡人数与环境污染有关❸，改善环境已成为保证人类健康发展的迫切任务。

1. "一带一路"沿线环境不容乐观

"一带一路"沿线国家人口数量占到全球的 70%，面积却仅占全球的 40%。这一人口高度密集区域，承担着非常大的生态压力。

据了解，近现代以来，由于受资源禀赋、产业分工和地缘政治等因素的制约，"一带一路"沿线许多国家在现代化进程中发展滞后，与其他国家尤其是发达国家相比明显落伍。这种落伍不仅表现在经济社会发展方面❹，而且表现在环境方面：一方面，"一带一路"陆上丝绸之路所经过的欧亚大陆主要是中国和欧洲之间的内陆亚洲地区，这个区域突出问题是气候干燥和土地荒漠化问题严重；另一方面，海上丝绸之路又面临着严峻的气候变暖的风险。

可以说，脆弱的生态既严重威胁到"一带一路"沿线国家和地区人民的生存和发展，又影响到"一带一路"项目的安全性。因此，对社会资本而言，在以 PPP 模式投资"一带一路"项目时，必须充分考虑项目所在地生态环境的潜在

---

❸ 报告称，在 2012 年，大约 1260 万人由于环境原因死亡，占总死亡人数的 23%。因环境原因致死的人口中，最高比例发生在东南亚和西太平洋地区（分别为 28% 和 27%）。另外 23% 在撒哈拉以南非洲、地中海东部地区 22%、美洲地区经合组织国家（OECD）11%、非经合组织国家 15%、欧洲 15%。

❹ 据世界银行统计，2012 年，"一带一路"沿线国家人均国民总收入不到世界平均水平的一半，多数属于低收入国家，还有 9 个最不发达国家。

影响，要把与生态环境相关的成本支出、风险承担和收益回报等核心因素综合纳入到投融资决策当中。

2. "一带一路"沿线国家重视绿色发展

研究发现，近年来，绿色发展已经受到世界上越来越多国家的重视。

就"一带一路"沿线国家和地区而言，这里既有山地、森林、湿地，又有丘陵、沙地、荒漠，地形地貌相当复杂、生物多样性丰富、重要保护区众多，而建设大型基础设施项目（如高铁、高速公路）和能源项目（如油气管道）常常涉及跨界污染（尤其是大气污染、国际河流污染等）。因此，"一带一路"PPP项目如何实现科学合理地选址、选线、建设、运营以及生态环境保护尤为重要。

概括来说，"绿色发展"已经成为"一带一路"沿线国家和地区的共识。

2015年3月，国家发展改革委、外交部、商务部联合发布《愿景与行动》提出，在投资贸易中突出生态文明理念，加强生态环境、生物多样性和应对气候变化合作，共建绿色丝绸之路。鼓励本国企业参与沿线国家基础设施建设和产业投资。促进企业按属地化原则经营管理，积极帮助当地发展经济、增加就业、改善民生，主动承担社会责任，严格保护生物多样性和生态环境。

2017年9月11日，中华人民共和国政府和联合国环境规划署签署了《中华人民共和国政府和联合国环境规划署经济技术合作协定》。根据本协议，中国政府将在南南合作援助基金项下向联合国环境规划署提供200万美元指定用途资金，用于在"一带一路"沿线国家共同探讨实施环保、防治荒漠化等领域合作项目，共同推进"一带一路"建设，帮助其他发展中国家落实2030年可持续发展议程。据了解，此项合作是落实2017年5月习近平主席在"一带一路"国际合作高峰论坛上宣布向有关国际组织提供10亿美元资金支持承诺的具体行动。

3. 中国企业要注重东道国的环境保护

近几年来，伴随着中国企业"走出去"的步伐不断加快，一些海外项目如"一带一路"沿线的项目中在建设和运营的过程中频繁遇到环境问题，环境风险给中国企业带来了发展的困境，企业面临的压力和挑战越来越大。中国企业遭遇环境风险，与此同时，国际上相关善意或恶意的声音亦不绝于耳，如"中国环境新殖民主义"、"中国环境威胁论"、"中国生态倾销论"等，中国的海外投资甚至被别有用心地认为是掠夺能源和矿产，个别的环境事件也被无限放大，其目的就是损害中国企业的国际形象。

（1）中国企业投资"一带一路"面临的环境风险

实践发现，无论是在行业还是地理分布上，中国企业对外投资都容易诱发环境风险，这是对中国企业不利的因素。

一方面，从行业分布来看，中国企业"一带一路"投资行业主要集中于基础设施建设和能源：在基础设施方面，如道路、港口、水库等基础设施建设工程量大，稍有不慎，在建设过程中植被、河流、森林、大气、土壤等极易遭到破坏，从而引发群体性的事件。如果再被某些外部舆论不怀好意地传播甚至攻击，在本来就很小的事件上添油加柴，将事件人为制造成一个火药桶，然后再将其"引爆"，这样项目所在国政府和民众很容易被谣言所误导、被舆论所绑架，这对中国企业极为不利；在能源方面，中国企业"一带一路"投资主要集中于石油、天然气、矿产等传统能源行业，而这些行业正是环境污染较重的行业，相比发达国家侧重于投资新能源、新材料、先进制造业和金融行业，中国企业投资的传统能源行业污染较重，更易引发环境问题和舆论关注。

另一方面，从地理分布来看，"一带一路"沿线国家和地区很多都是环境脆弱地区、生态环境敏感。如亚洲、非洲等一些自然资源丰富的地区已经被西方发达国家的公司抢先一步开发，剩下的多是开采成本大且生态环境脆弱的地区。这进一步加大了中国企业海外投资"一带一路"的环境风险。

（2）中国企业普遍缺乏抵抗环境风险的能力

调研发现，在全球化的大背景下，虽然中国企业顺应全球经济发展趋势，积极"走出去"，且经过自身的努力和打拼后取得了可喜的成绩。无论是经济效益还是技术水平、管理能力和品牌影响力，中国企业都有了明显的提高。不可否认的是，由于中国企业"走出去"的时间并不长，还缺乏海外拓展业务的经验和实力，因此走了很多弯路，交了不少学费。其中，海外投资环境意识和环境风险管控能力便是中国企业的短板，再加上非经济因素（如国与国、地区与地区之间对"一带一路"见解的不同），因环境污染引起舆论炒作以及被所在国政府叫停甚至处以巨额罚款的事常有发生。此外，中国部分企业由于对项目所在国地缘政治、人文风俗等了解不够，往往为了追求利润最大化而缩减环境方面的投入，导致环境事件发生后付出的成本更高、企业受到的损失更大。

（3）"一带一路"环保问题引发的后果

环保是一个比较综合的概念，既可以是一个单独的行业（如河道治理、黑臭水体治理和污水处理等），也可以体现在其他的项目中，如公路、铁路、港口、水库等项目，均涉及环境保护的问题。在国内，环保 PPP 项目向来都比较敏感，稍有不慎，便会引发公众的集体抗议，甚至在 PPP 项目还没有落地的情况下，社会资本都会遇到"邻避效应"❹，比如某地要建垃圾焚烧发电站、污水处理厂，当地公众担心生活的环境受到污染、资产价值受到影响阻拦甚至反对项目落地。产生"邻避效应"的原因很多，比如相应补偿不到位、部分项目技术不过关或节

---

❹　邻避效应（Not In My Back Yard，音译为"邻避"，意为"不要建在我家后院"）指居民或当地单位因担心建设项目（如垃圾场、核电厂、殡仪馆等邻避设施）对身体健康、环境质量和资产价值等带来诸多负面影响，从而激发人们的嫌恶情结，滋生"不要建在我家后院"的心理，及采取的强烈和坚决的、有时高度情绪化的集体反对甚至抗争行为。

约成本违规超标排放、部分公众缺乏相关的科学知识以及企业与公众信息不对称等。

而在国外如"一带一路"沿线国家和地区，如果环境保护问题没有得到妥善处理，极易引发投资者与当地居民关系的紧张甚至冲突。如果产生群体性的事件如游行、示威等。迫于民众压力，项目东道国政府往往会采取环境规制措施，如不颁发项目行政许可证，最直接的是叫停项目，使得投资者浪费大量的经济成本和时间成本，这方面的教训有很多，如柬埔寨政府曾因环境问题收回中国投资者的森林采伐权，中国企业在蒙古、印度尼西亚、墨西哥、加蓬的一些项目也都遇到了当地环保组织的抵制及政府环境规制方面的问题。

（4）从立法层面加强中国企业"一带一路"投资环境保护

在信息化、网络化和全球化的时代，世界各国对环境保护的重视程度与日俱增，国际环境标准越来越多，要求也越来越严格。对"走出去"的中国企业而言，"一带一路"沿线国家生态压力大，对外投资可能会触犯所在国环保法规，轻则项目无法通过，重则项目失败，巨额投资"打水漂"。因此，中国企业必须深刻了解和严格遵守项目东道国的环境标准和环境规制措施。同时，中国企业也要小心落入某些国家设置的环境壁垒和投资保护主义陷阱。

就中国企业而言，其"一带一路"投资固然要受东道国环保法律的约束，但国家也应加强约束，从立法层面规范其投资环境行为。据了解，我国发布的直接或间接涉及海外投资环境保护的法规政策主要有：《国务院关于投资体制改革的决定》（2004年）、《境外投资项目核准暂行管理办法》（2004年）、《关于鼓励和规范我国企业对外投资合作的意见》（2006年）、《境外投资管理办法》（2009年）、《对外承包工程管理条例》（2008年）和《对外承包工程行业社会责任指引》（2012年）等。不过，这些法规政策尚缺乏可操作性，还需要系统规范企业海外投资环境保护。

二、"绿色金融"快速发展

党的十八届五中全会提出"创新、协调、绿色、开放、共享"的发展理念，作为五大发展理念之一，"绿色发展"上升到了前所未有的高度。而作为支撑绿色发展的"绿色金融"也得到了突出猛进的发展。"发展绿色金融，设立绿色发展基金"已经被列入国家"十三五"规划。"绿色金融"首次被写入2016年《政府工作报告》。2016年9月G20杭州峰会，在中国的倡议下，"绿色金融"首次被纳入议题并写入G20峰会公报。由中国与英国共同成立的G20绿色金融研究小组形成并向大会提交了《G20绿色金融综合报告》，提出了一系列供G20和各国政府自主考虑的可选措施❷。2017年7月，G20汉堡峰会继续研讨由中国发起的绿色金融议题，习近平主席出席并发表重要讲话，提出"继续完善全球经济治理，加强宏观政策沟通，防范金融市场风险，发展普惠金融、绿色金融，推动金融业更好地服务实体经济发展。"

所谓"绿色金融"，绿色金融是指为支持环境改善、应对气候变化和资源节约高效利用的经济活动，即对环保、节能、清洁能源、绿色交通、绿色建筑等领域的项目投融资、项目运营、风险管理等所提供的金融服务。"绿色金融"的作用主要是引导资金流向节约资源技术开发和生态环境保护的绿色产业，引导企业的生产注重绿色环保❸。绿色金融在促进经济社会可持续发展方面的作用正日益显现。自2016年以来，我国"绿色金融"发展突飞猛进，主要体现在国家支持绿色金融的政策相继出台、绿色金融取得的发展成果明显。

1. 支持绿色金融发展的政策相继出台

建立系统完整的生态文明制度体系，为绿色发展导入了内生的市场机制，也为绿色经济❹提供了广阔的发展前景。

发展绿色金融的关键是制度设计尤其是顶层设计。为加快经济向绿色化转型，提升经济增长潜力，我国高度重视构建绿色金融体系和创造良好的政策环境。目前，我国借鉴发达国家在绿色金融政策❺方面的先进经验，先后出台了一系列绿色金融相关政策。2015年9月，中共中央、国务院发布《生态文明体制改革总体方案》，首次明确提出"要建立我国的绿色金融体系"，标志着指导我国绿色金融发展的顶层设计已经确定。自2016年以来，人民银行、证监会、上海证交所、深圳证交所先后出台了与绿色债券相关的政策文件，2016年3月，《上海证券交易所关于开展绿色公司债券试点的通知》（上证发〔2016〕13号）发布；2016年4月，《深圳证券交易所关于开展绿色公司债券业务试点的通知》（深证上〔2016〕206号）发布。

2016年8月，人民银行、财政部、国家发改委、环保部、银监会、证监会、保监会等七部委发布《关于构建绿色金融体系的指导意见》（银发〔2016〕228

---

❷ 具体内容包括：提供支持绿色投资的政策信号；推广绿色金融自愿原则；扩大能力建设网络；支持本币绿色债券市场发展；推动跨境绿色债券投资；推动环境风险问题的研讨；完善绿色金融指标体系。

❸ 作为一种金融制度创新，"绿色金融"在促进我国生态建设和环境保护方面发挥着重要的作用。而在我国大力进行经济转型、产业结构调整升级以及严峻的环保形势大背景下，建立绿色金融体系更是上升到了国家战略的高度。

❹ 绿色经济是市场化和生态化有机结合、维护人类生存环境、合理保护资源与能源为特征的平衡式经济。绿色经济是人类社会可持续发展的必然产物，其包括生态农业、生态工业、生态旅游、节能环保产业、绿色服务业等。

❺ 所谓绿色金融政策是指通过提供贷款、发债、发行股票、私募基金、保险等金融服务，将社会资金引导到支持节能环保、清洁能源、生态保护和适应气候变化等绿色产业发展的一系列政策和制度安排。

号,以下简称《指导意见》),为我国绿色金融体系发展做出顶层设计,标志着绿色金融提升到国家战略高度,中国将成为全球首个建立了比较完整的绿色金融政策体系的经济体。《指导意见》是全球首个由政府主导的较为全面的绿色金融政策框架,为市场各方参与者提供了丰富的产品工具和市场机会,彰显出我国全力支持和推动绿色投融资、加速经济向绿色化转型的决心。《指导意见》为我国绿色金融体系发展做出顶层设计,之后近 10 家机构发布了多个涉及绿色金融发展的文件。政策引导之下,绿色信贷、绿色债券、绿色保险等异军突起。

随着我国发展绿色金融的政策相继出台,相关组织机构陆续成立,如 2014 年 11 月,中国银行业协会成立了绿色信贷业务专业委员会,宗旨是引领会员单位更好地践行绿色信贷标准,整合国内外的政府及社会资源,实现资源的最优配置及绿色信贷项目的可持续发展。2015 年 4 月,中国金融学会成立绿色金融专业委员会,该委员会主要以组织专题小组形式展开工作。

为进一步推动"一带一路"倡议的绿色发展,2017 年 5 月底,环境保护部、外交部、国家发展改革委、商务部联合发布了《关于推进绿色"一带一路"建设的指导意见》,明确指出要促进绿色金融体系发展,鼓励金融机构、中国参与发起的多边开发机构以及相关企业采用环境风险管理的自愿原则,支持绿色"一带一路"建设,并且积极推动绿色产业发展和生态环保合作项目落地。此外,我国"十三五"规划明确建立绿色金融体系,发展绿色信贷,绿色债券,设立绿色发展基金。在相应的财税政策和绿色金融等配套保障措施上,"十三五"规划纲要和"工业绿色发展规划"都提出充分利用中央预算内投资等建设基金以及 PPP 模式,同时扩大工业绿色信贷和绿色债券规模,积极开展绿色消费信贷业务,设立工业绿色发展基金等。

2. 绿色金融成果明显

在各方大力支持下,我国绿色金融取得明显成果,尤其是在绿色信贷、绿色债券、绿色基金等领域成果丰硕。可以预见的是,未来我国绿色金融将迎来爆发式增长。

(1)绿色信贷

目前,绿色金融主要关注点在为企业提供资金支持的银行业金融机构,进一步而言,是银行信贷业务即"绿色信贷"。所谓绿色信贷,是指银行业金融机构利用信贷手段促进节能减排的一系列政策、制度安排及实践。绿色信贷有三个方面的核心内容:一是利用科学合理的信贷政策和手段(包括贷款品种、期限、利率和额度等)支持绿色企业或者绿色项目;二是对违反节能环保法律法规、造成环境污染以及高耗能高污染的企业或者项目采取停贷、缓贷甚至收贷;三是贷款人(银行业金融机构)运用信贷手段引导借款人(企业)积极主动地开展节能减排、技术改造、绿色生产,并防止环境风险和履行社会责任。

相比国际上大的商业银行，我国银行业金融机构在"绿色信贷"领域起步时间短、产品品种少。虽然如此，在我国大力进行经济转型和产业结构调整升级、环境综合治理、重点发展绿色产业的大背景下，国家大力建设绿色金融体系，绿色信贷获得了长足的进展。

1）绿色信贷顶层设计出台

在绿色金融体系中，绿色信贷地位举足轻重。

《中共中央国务院关于加快推进生态文明建设的意见》要求推广绿色信贷，国家各个部委也纷纷出台支持绿色发展的政策，构建绿色信贷制度框架，并已经初步形成政策合力，相关规章和政策在国际上都是开创之举：早在 2007 年 7 月，由原环保总局、人民银行和银监会共同发布的《关于落实环保政策法规防范信贷风险的意见》（环发〔2007〕108 号），标志着我国绿色信贷政策的正式启动。《意见》主要内容为：各级环保部门要提供可纳入企业和个人信用信息基础数据库的企业环境违法、环保审批、环保认证、清洁生产审计、环保先进奖励等信息。各商业银行要将支持环保工作、控制对污染企业的信贷作为履行社会责任的重要内容；在向企业或个人发放贷款时，将企业环保守法情况作为审批贷款的必备条件之一；2007 年 11 月，银监会发布《节能减排授信工作指导意见》（银监发〔2007〕83 号），指出要大力发展绿色信贷，构建支持绿色信贷的政策体系。完善绿色信贷统计制度，加强绿色信贷实施情况监测评价。探索通过再贷款和建立专业化担保机制等措施支持绿色信贷发展；2012 年 2 月，银监会印发《绿色信贷指引》（银监发〔2012〕4 号），指出银行业金融机构应当从战略高度推进绿色信贷，加大对绿色经济、低碳经济、循环经济的支持，防范环境和社会风险，提升自身的环境和社会表现，并以此优化信贷结构，提高服务水平，促进发展方式转变。银行业金融机构应当有效识别、计量、监测、控制信贷业务活动中的环境和社会风险，建立环境和社会风险管理体系，完善相关信贷政策制度和流程管理❹❻；2013 年，银监会印发《绿色信贷统计制度》，每半年组织国内 21 家主要银行业金融机构开展绿色信贷统计工作，主要内容涉及落后产能、环境、安全等重大风险企业信贷情况；2014 年 6 月，银监会印发《绿色信贷实施情况关键评价指标》（银监办发〔2014〕186 号），组织 21 家主要银行业金融机构开展绿色信贷实施情况自评价工作；2015 年 1 月，银监会、国家发改委印发《能效信贷指引》（银监发〔2015〕2 号），要求银行业金融机构积极探索能效信贷担保方式创新，以应收账款质押、履约保函、国际金融机构和国内担保公司的损失分担（或

---

❹❻ 本指引所称环境和社会风险是指银行业金融机构的客户及其重要关联方在建设、生产、经营活动中可能给环境和社会带来的危害及相关风险，包括与耗能、污染、土地、健康、安全、移民安置、生态保护、气候变化等有关的环境与社会问题。

信用担保)、知识产权质押、股权质押等方式，有效缓解节能服务公司面临的有效担保不足、融资难的问题，同时确保风险可控；2016年8月，人民银行、财政部、国家发改委等七部委发布《关于构建绿色金融体系的指导意见》（银发〔2016〕228号）指出大力发展绿色信贷，构建支持绿色信贷的政策体系。完善绿色信贷统计制度，加强绿色信贷实施情况监测评价；推动银行业自律组织逐步建立银行绿色评价机制。通过银行绿色评价机制引导金融机构积极开展绿色金融业务，做好环境风险管理。

2）"绿色信贷"效果明显

截至2016年6月末，国内21家主要银行业金融机构绿色信贷余额达7.26万亿元，占各项贷款的9%。其中节能环保、新能源、新能源汽车等战略性新兴产业贷款余额1.69万亿元，节能环保项目和服务贷款余额5.57万亿元。同时节能环保项目和服务资产质量较好，其不良贷款余额为226.25亿元，不良率仅为0.41%，低于同期各项贷款不良率1.35个百分点。如中国银行绿色信贷余额6523亿元，较年初增加506亿元，增幅为8.4%。截至2016年末，"两高一剩"（"两高"指高污染、高能耗的资源性行业；"一剩"指产能过剩行业）行业贷款余额同比下降8.89%。

3）"绿色信贷"约束企业"一带一路"投资环境保护

不可否认的是，未来绿色信贷仍将是我国绿色金融的主体。我国将进一步完善支持绿色信贷的政策体系，加快推进银行绿色评价机制的建立，支持和引导银行等金融机构建立符合绿色企业和项目特点的信贷管理制度。

如上所述，我国企业参与"一带一路"建设，重点是基础设施建设，不可避免地涉及沿线国家和地区的环境保护问题，如大气污染、水污染、土壤污染、固废污染等，且污染程度、涉及污染主体等各种情况要比国内复杂得多。不仅如此，环境保护是目前包括"一带一路"沿线在内的世界各国都十分关注的问题，也是十分敏感的全球性的问题，如果处理不当，将会给社会资本甚至社会资本所在国造成负面影响。因此，走向"一带一路"的我国企业，应该高度重视项目的环境保护问题。那么，作为给实施项目的主体—企业提供资金支持的各类金融机构，可以通过"绿色金融"实现对企业环境保护行为的约束。以银行业金融机构为例，其可以通过"绿色信贷"倒逼企业的"一带一路"投资行为，达到促进项目顺利开展、避免环保风险和提升企业国际形象的目的，从而有利于企业对外拓展"一带一路"市场。

（2）绿色债券

2014年，全球绿色债券发行量比2013年上升了两倍，且继续以每年100%的速度增长。

从2016年年初开始，我国就启动绿色债券市场。数据显示，目前我国已经成为全球绿色债券最大的发行国家。

2016 年，中国绿色债券发行总额达 320 亿美元，约占全球市场的四成。中央财经大学绿色金融国际研究院绿色债券实验室数据库统计显示，到 2016 年底，中国绿色债券存量接近 2.5 万亿元，占债券总存量的 3.88％。若接下来 5 年该比例不变，到 2020 年底绿色债券存量将达 3.6 万亿元；若按绿色债券 5％的存量占比来估计，到 2020 年底，绿色债券存量将达 4.7 万亿元。中央国债登记结算有限责任公司发布的《中国绿色债券市场 2017 半年报》显示，截至 2017 年 6 月末，中国绿色债券发行总量达到 115.2 亿美元（折合人民币 793.9 亿元），同比增长 33.6％，占全球绿色债券市场的 20.6％。另据中诚信统计数据显示，截至 2017 年 8 月 11 日，我国境内发行的绿色债券只数已经超过 2016 年。

（3）绿色基金

所谓绿色基金，是指专门针对节能减排战略、低碳经济发展和环境优化改造项目而建立的专项投资基金，其目的是通过资本投入促进节能减排事业发展。截至 2016 年 9 月初，国内基金管理机构已经推出以环保低碳新能源、清洁能源、可持续社会责任治理为主题基金❹约 94 只，规模约 980 亿元，指数型基金❺ 56 只，规模约 470 亿，总体规模还较小。

（4）绿色证券

绿色证券是继绿色信贷、绿色保险之后的第三项环境经济政策。

目前，我国在企业 IPO（首次公开募股）环境保护要求（提交环保部门核查意见）、上市公司环境信息披露、绿色发展指数等方面都取得了一定的成果。

（5）绿色保险

目前我国绿色保险产品主要是针对石油、化工等行业设计的环境污染责任险。分析认为，运用绿色保险手段处理环境污染事故，一方面可以帮助企业确定污染责任，增强企业防灾防损意识；另一方面，受害人能够及时获得赔偿，政府也能减轻财政赔偿压力。以环境污染责任保险为例，作为绿色保险的一种，2008 年，我国约有 700 家企业投保环境污染责任保险，保费收入 1200 万元。到 2012 年，全国投保环境污染企业数和保费收入分别为 2000 多家和 200 亿元。到 2014

---

❹ 主要集中投资于某一主题的行业和企业中。并不按照一般的行业划分方法来选择投资标的，而是根据经济体未来发展的趋势，将某一或某些主题作为选择行业和投资的标准，满足投资者对特定投资对象的个性化需求。例如"医药主题基金"、"新兴产业基金"、"美丽中国主题基金"和"城镇化主题基金"等。

❺ 指数基金（Index Fund）指以特定指数（如沪深 300 指数、标普 500 指数、纳斯达克 100 指数、日经 225 指数等）为标的指数，并以该指数的成份股为投资对象，通过购买该指数的全部或部分成份股构建投资组合，以追踪标的指数表现的基金产品。

年，全国有 22 个省（自治区、直辖市）近 5000 家企业投保环境污染责任保险。截至 2016 年底，绿色保险产品加速增长，保险公司共提供风险保障金超过 260 亿元。

总之，我国发展绿色金融的基础扎实、环境良好，随着我国支持绿色金融发展的产业政策、财政政策和金融政策日臻完善，未来我国绿色金融将迎来发展的黄金期。

3. 国际金融机构发展绿色金融

研究发现，不仅我国金融机构大力支持绿色产业、发展绿色金融，国际金融机构也是如此。

以金砖国家新开发银行为例，其支持绿色能源和基建，通过引领五个国家，以点带面扩大到"一带一路"，有力地推动了绿色"一带一路"的发展❹。2016 年，金砖国家新开发银行批准了 7 个项目，总金额达到 15.5 亿美元，所有的项目都是可持续发展项目。

2017 年 8 月 30 日，金砖国家新开发银行在上海宣布批准了四个来自成员国的贷款申请，其中中国的两个贷款项目是位于湖南的湘江治理项目和位于江西的节能项目。

2017 年 9 月，金砖国家新开发银行与江西省政府签署《江西工业低碳转型绿色发展示范项目协议》，这次签约的项目，贷款总额 2 亿美元，贷款期 20 年，建设内容包括推进工业资源综合利用、节能环保等多个绿色产业，预计每年可减少二氧化碳排放 26.35 万 t。将为江西省推动绿色发展、建设生态文明试验区提供强力支撑。

据介绍，2017～2018 年，金砖国家新开发银行正在储备的项目已有 23 个，规模达 60 亿美元，其中多个项目集中在绿色能源以及基础设施领域，这将为金砖国家绿色能源及基础设施建设提供急需的资金。而从金砖国家新开发银行公布的未来五年的总体战略看，预计三分之二的贷款项目将被用于助力可持续发展的基础设施建设。

新开发银行参照国际标准建立了贷款的制度流程、体制机制，且有明确的标准和定位，其中绿色是其主要的目标之一。作为第一个在中国发行绿色债券的国际多边开发机构，新开发银行已在中国资本市场上发行了 30 亿元人民币绿色债券，发出了支持绿色金融发展的强有力信号。有报道称，新开发银行正在运作以印度卢比计价的债券以及在巴西和俄罗斯发债。

---

❹ 金砖国家已成为推动绿色能源发展的重要力量。数据显示，2016 年，金砖国家在全球可再生能源发电装机容量中占 38%。2015～2016 年，中国在可再生能源方面累计投资了大约 1000 亿美元，超过了欧洲和美国的总和。

三、绿色金融中的"赤道原则"

为支持"一带一路"建设，同时确保资金的安全性，为项目提供资金的金融机构需将项目环境与社会风险作为重要因素，把环境因素加入银行业评估流程，建立可操作的环境信用评级标准，严格贯彻绿色信贷的价值导向。"一带一路"的环境风险也体现为金融机构的风险。近年来，以亚洲基础设施投资银行、丝路基金、金砖国家新开发银行、亚洲开发银行等为代表的国际投资机构在推动亚太合作、"一带一路"基础设施建设中更加强调绿色投资。

1. 绿色信贷最著名最重要的是"赤道原则"

当前，绿色信贷已成为国际上的一种共识。研究发现，对绿色信贷而言，国际上最重要的是"赤道原则"[50]，这也是国际项目融资的一个新标准，即要求金融机构在向额度超过 1000 万美元项目贷款时，需综合评估对环境和社会的影响，并利用金融杠杆手段促进项目与社会的和谐发展。那些采纳了"赤道原则"的银行又被称为"赤道银行"[51]。如果贷款企业不符合"赤道原则"中所提出的社会和环境标准，那么采纳"赤道原则"的银行将拒绝为该企业或者项目提供融资。

截至 2013 年，全球已经有 35 个国家 78 家金融机构采用"赤道原则"，几乎囊括世界主要金融机构，项目融资总额占全球项目融资市场总份额的 86% 以上。

2. 世界商业银行采纳"赤道原则"情况

据了解，欧美发达国家商业银行积极采纳"赤道原则"。2003 年 6 月，花旗银行、巴克莱银行、荷兰银行和西德意志州立银行等分属 7 个国家的 10 家国际领先银行宣布实行"赤道原则"。随后，汇丰银行、JP 摩根、渣打银行和美洲银行等世界知名金融机构也纷纷接受"赤道原则"。目前，欧美发达国家许多大型商业银行普遍采纳"赤道原则"。10 多年前我国商业银行就开始践行"赤道原则"，2006 年兴业银行与国际金融公司联合在国内首创推出节能减排贷款，以此为标志，兴业银行吹响了进军绿色金融的号角。2008 年兴业银行正式公开承诺采纳"赤道原则"，从而成为全球第 63 家、中国首家"赤道银行"。2017 年初，

---

[50] "赤道原则"是一套风险管理框架，用于识别、评估和管理项目融资中的环境和社会风险，其技术内容参考《国际金融公司环境社会可持续性绩效标准》，为金融机构开展贷前调查和实践可持续金融提供标准。2002 年，世界银行下属的国际金融公司和荷兰银行提出了一项企业贷款准则，这就是国际银行业赫赫有名的"赤道原则"。这项准则要求金融机构在向一个项目投资时，要对该项目可能对环境和社会的影响进行综合评估，并且利用金融杠杆促进该项目在环境保护以及周围社会和谐发展方面发挥积极作用。赤道原则是金融可持续发展的原则之一，也是国际金融机构践行企业社会责任的具体行动之一。赤道原则的意义在于第一次将项目融资中模糊的环境和社会标准数量化、明确化、具体化。

[51] 数据显示，截至 2017 年初，全球已经有 37 个国家 88 家金融机构采用"赤道原则"，几乎囊括世界主要金融机构，其项目融资额约占全球项目融资总额的 80% 以上。

江苏银行正式采纳"赤道原则",成为采纳"赤道原则"国际金融机构大家庭中的一员。虽然从总体来看,"赤道原则"在我国商业银行中尚未普及。但在我国积极参与"一带一路"建设的大背景下,对不断发展壮大并努力拓展国际业务的我国银行业金融机构来说,采纳"赤道原则"是必然的趋势。

2009 年 6 月出版的英国《银行家》杂志公布了 2009 年全球前 1000 家银行的排名(此次排名以各家银行 2008 年年终数据为基础,以核心资本指标为依据)。排名前 25 家银行中,共有 6 家未采纳赤道原则,其中 4 家为中国的国有商业银行,见表 5-1。

2009 年前 25 家银行采纳赤道原则情况   表 5-1

排名	银行名称	国家	是否采纳赤道原则
1	JP 摩根	美国	是
2	美国银行	美国	是
3	花旗银行	美国	是
4	苏格兰皇家银行	英国	是
5	汇丰控股有限公司	英国	是
6	富国银行	美国	是
7	三菱 UFJ 金融集团	日本	是
8	中国工商银行	中国	否
9	法国农业信贷集团	法国	否
10	西班牙国际银行	西班牙	是
11	中国银行	中国	否
12	中国建设银行	中国	否
13	高盛集团	美国	否
14	法国巴黎银行	法国	是
15	巴克莱银行	英国	是
16	瑞穗金融集团	日本	是
17	摩根士丹利	美国	是
18	意大利联合信贷银行	意大利	是
19	三井住友金融集团	日本	是
20	荷兰国际集团	荷兰	是
21	德意志银行	德国	是
22	荷兰合作银行集团	荷兰	是
23	法国兴业银行	法国	是
24	中国农业银行	中国	否
25	意大利联合圣保罗银行	意大利	是

3. 采取"赤道原则"增强我国商业银行国际竞争力

如上所述，2015 年，我国对外投资流量跃居全球第二，从而正式成为资本对外输出国。而在对外投资中，我国与"一带一路"沿线国家合作成为亮点。据统计，2013～2016 年，中国企业对"一带一路"沿线国家直接投资超过 600 亿美元。显而易见，对外投资需要借助金融机构尤其是商业银行的力量。而采纳"赤道原则"将实现我国商业银行与国际金融体制的"接轨"，从而支持中国企业更加稳定更加顺利地开展对外投资。

近年来，伴随我国企业积极"走出去"的，还有加快国际化经营步伐积极抢占国际业务的商业银行。然而，我国商业银行在拓展国际业务的过程中，常常因为企业社会责任尤其是环境问题受到相关置疑。如果采纳了国际上通行的"赤道原则"，将促使商业银行更好地履行包括环境保护、劳工权益在内的社会责任，提高商业银行自身的品牌影响力和美誉度，树立良好的国际形象，从而增强其拓展国际业务的竞争力。

从欧美、日本等发达国家大型银行采纳"赤道原则"的实践来看，一是提升了商业银行自身的品牌影响力和社会美誉度，二是增强了业务竞争优势，三是赢得了更多的商业机会。

以日本瑞穗实业银行为例，2003 年 10 月，瑞穗实业银行宣布采纳"赤道原则"，着手制定包括内部 38 个行业的实施细则的操作手册并建立内部操作流程。2004 年 10 月，编制完成《瑞穗实业银行赤道原则实施手册》，并将其应用于全球的项目融资和财务顾问活动。采纳和实施赤道原则使瑞穗实业银行的声誉和经营绩效得到显著提升。据统计，该行在国际项目融资排名由 2003 年的第 18 位上升至 2006 年第 3 位。再以我国第一家采纳"赤道原则"的兴业银行为例，近十年来兴业银行绿色信贷余额达到 3000 亿元，不良资产率 0.2，资金回报率 20% 以上。

四、绿色金融支持"一带一路"PPP

一方面，中国在国内积极发展绿色金融，如绿色信贷、绿色债券、绿色基金、绿色保险等，可以说举世瞩目；另一方面，中国还在为国际绿色金融发展贡献力量。2016 年 9 月 G20 杭州峰会，在中国的倡议下，"绿色金融"首次被纳入议题并写入 G20 峰会公报。由中国与英国共同成立的 G20 绿色金融研究小组形成并向大会提交了《G20 绿色金融综合报告》，提出了在 7 个方面共同推动全球的绿色金融发展❷，并写入 G20 峰会报告，形成了全球共识。不仅如此，在"一

---

❷ 经过研究分析，G20 绿色金融研究小组提出了一系列供 G20 和各国政府自主考虑的可选措施，以提升金融体系动员私人部门绿色投资的能力。主要可选措施包括七个方面：一是提供战略性政策信号与框架；二是推广绿色金融自愿原则；三是扩大能力建设学习网络；四是支持本币绿色债券市场发展；五是开展国际合作，推动跨境绿色债券投资；六是推动环境与金融风险问题的交流；七是完善对绿色金融活动及其影响的测度。

带一路"建设中,中国也积极践行绿色发展理念,将绿色金融发展与"一带一路"倡议推进相结合。

一个显然的事实是,目前我国包括央企、国企、民企等在内的各种社会资本普遍看好"一带一路"倡议下的 PPP 市场大机遇,尤其是行业龙头企业已经开始投资"一带一路"倡议下的 PPP 项目。需要指出的是,"一带一路"倡议下的 PPP 项目大都是高铁、公路、港口、水库等投资规模动辄数十亿上百亿的基建类项目,我国各类社会资本投资此类项目,自身也需要外来资金支持。自 2013 年我国提出"一带一路"倡议以来,全球 100 多个国家和国际组织积极支持和参与"一带一路"建设,沿线的项目开始密集落地。不过,与巨大的市场需求相应的,却是令项目东道国政府和社会资本都备受困扰的资金问题。

近年来,以亚洲基础设施投资银行、丝路基金、亚洲开发银行、金砖国家新开发银行等为代表的国际投资机构在推动"一带一路"基础设施建设中更加强调绿色投资。分析认为,我国应借鉴多边开发银行的国际经验,通过"绿色金融"推动"一带一路"PPP 项目。

1. 我国绿色金融发展为"一带一路"PPP 奠定基础

近年来,随着我国绿色金融体系的日臻完善,绿色信贷、绿色债券、绿色基金、绿色保险等取得成果显著,这些都为"绿色金融"支持"一带一路"PPP 项目奠定了坚实的基础。

数据显示,截至 2015 年末,中国进出口银行绿色信贷余额 766 亿元,同比增长 45%,该行对项目环评实施一票否决制。报道称,进出口银行优惠贷款支持的埃塞俄比亚阿达马风电项目是第一个采用中国资金、技术、标准、设备、设计、施工、咨询和运营管理服务整体出口的风电总承包项目,提升了埃塞俄比亚利用清洁能源的能力,保护了生态环境。随着"一带一路"倡议的逐步落实,沿线国家的绿色 PPP 项目亦将纷纷落地。

2. 绿色银行支持"一带一路"PPP

(1) 绿色银行与 PPP 模式高度契合

所谓绿色银行,是指投资于节能环保、清洁能源等绿色行业的专业银行。"绿色金融"的发展历史可以追溯到 20 世纪 70 年代。1974 年,当时的联邦德国成立了世界上第一家政策性环保银行并命名为"生态银行",专门负责为一般银行不愿接受的环境项目提供优惠贷款。从全球范围看,目前国际上已设立的"绿色银行"主要有英国绿色投资银行❸、澳大利亚清洁能源金融公司以及美国康涅

---

❸ 资料显示,2012 年 10 月,英国政府投资成立了全球首家"绿色投资银行",宗旨是引进和鼓励更多私有资本投入到绿色经济领域,从而促进英国的绿色经济转型。英国绿色投资银行成立仅两年,其绿色投资减少的温室气体等同于 160 万辆汽车尾气排放量,减少了 150t 废弃物,创造的可再生电力可供 310 万家庭使用。

狄格州绿色银行等。研究发现，英国绿色银行引进私人资本与PPP模式下引进社会资本二者具有高度的契合性：前者是通过引进私人资本投入绿色经济领域，促进英国绿色经济转型；后者是通过引进节能环保、清洁能源、绿色交通运输等社会资本投入绿色PPP项目，也是为了促进PPP项目所在国绿色经济的发展。与此相同的是，美国绿色银行也体现了PPP模式的思路：一是致力于推动公共资本与私人资本紧密合作；二是短期内为能源市场提供充足资金；三是追求提高能源市场短期和长期的资金供给。

（2）我国绿色银行"一带一路"实践

近年来，我国银行业金融机构在绿色银行方面进行了有益的探索和实践。

早在2007年，中国工商银行就在国内率先提出了"绿色信贷"建设的理念；2008年兴业银行成为全球第63家、中国首家"赤道银行"；2014年，中国工商银行签署《关于环境和可持续发展的声明书》并加入联合国环境规划署金融行动机构，成为该组织的正式会员。

（3）发展我国绿色银行的建议

研究发现，很多"一带一路"PPP项目涉及环保、绿色交通运输等绿色项目，而社会资本需要金融机构的绿色金融支持，绿色信贷成为当下银行业金融机构支持社会资本的重要手段之一。

不过，现实情况是，目前我国由于缺乏银行业金融机构开展绿色信贷的优惠政策支持，导致银行业金融机构缺乏推行绿色信贷的动力。因此，政府部门应加大对绿色银行的扶持力度，在财政、税收等方面给予绿色银行优惠政策，提高其参与"一带一路"PPP项目的积极性。具体来说，一方面，鉴于我国绿色经济发展仍处于起步阶段，为避免走错路多交学费或者少走弯路，应该借鉴发达国家已有的成功经验，吸引社会资本投资绿色基建项目，这对我国推动"一带一路"PPP项目落地意义重大；二是培养绿色银行优秀专业人才队伍，尤其是建立具有环境、管理和金融背景的复合型人才队伍。以美国康涅狄格州绿色银行为例，其一部分员工有环境和新能源投资领域的经验，一部分具有环境和工商管理的复合学术背景，能够对清洁能源产品和融资有深刻的理解。

3. 绿色基金支持"一带一路"PPP

基金是PPP项目的重要资金提供方。

PPP基金主要是指以股权、债权及夹层融资等工具投资基础设施PPP项目的投资基金，从而为基金投资人提供一种低风险、中等收益、长期限的类固定收益。国务院办公厅转发财政部、发改委、人民银行《关于在公共服务领域推广政府和社会资本合作模式指导意见》的通知（国办发〔2015〕42号），特别指出中央财政出资引导设立中国政府和社会资本合作融资支持基金，作为社会资本方参与项目，提高项目融资的可获得性。鼓励地方政府在承担有限损失的前提下，与具有投资管理经验的金融机构共同发起设立基金，并通过引入结构化设计，吸引更多社会资本参与。目前，PPP 产业投资基金是当下支持我国 PPP 项目的重要金融工具，主要如财政部 1800 亿政企合作投资基金、国家开发银行 1.2 万亿 PPP 专项基金、各级政府的 PPP 产业投资基金等。

有政府参与的 PPP 产业基金为我国 PPP 项目的落地作出了突出的贡献，是解决社会资本投资 PPP 项目资金不足的重要方式。同样的道理，有政府参与的绿色产业基金对我国绿色 PPP 项目的推进也起到至关重要的作用。实践表明，有政府背景的绿色产业基金投资绿色 PPP 项目，可以为绿色 PPP 项目本身增信，从而有效吸引社会资本跟投。换句话说，绿色产业基金可以吸引更多的社会资本投入到绿色 PPP 项目中。

早在 2009 年我国就成立了绿色产业投资基金❸。而在践行"一带一路"倡议中，生态环保、防沙治沙、清洁能源等被列为重点发展产业。2015 年 3 月，"绿色丝绸之路股权投资基金"启动，该基金由多家公司实体企业、金融机构和中（国）新（加坡）天津生态城管委会联合发起，是全球首支致力于丝绸之路经济带生态环境改善和生态光伏清洁能源发展的基金。该基金首期募资 300 亿元，首个投资项目规模 50 亿元。

总之，绿色金融是我国对外战略的"润滑剂"和"助推剂"。中国企业在支持"一带一路"沿线项目所在国的建设、发展绿色低碳产业的同时，又保护了当地环境，这对提高我国形象，提升企业对外投资实力具有重要意义。

---

❸ 2009 年，广东绿色产业投资基金成立，该基金由广东省科技厅、深圳市国融信合投资股份有限公司、香港建基国际集团有限公司合作设立。基金规模为 50 亿元，金融机构再给予 200 亿元贷款配套，总规模 250 亿元，主要投向广东省节能减排等绿色产业。

第六章　中国企业走向
"一带一路"的风险及防范

　　"一带一路"倡议涉及60多个国家和地区，且各个国家和地区之间无论是发达程度、经济环境、法律环境、地理条件还是人文环境均不相同，因此风险因素复杂多样。同样的道理，在PPP模式下，也面临着方方面面的风险因素，如政策变更、政策信用、融资风险、建设风险、运营风险以及环境风险等。

　　概括来说，"一带一路"PPP项目各种风险因素错综复杂，对致力于投资"一带一路"PPP项目的社会资本提出了严峻的挑战。因此，各类社会资本与PPP项目所在国政府建立长期、稳定和可持续的合作伙伴关系至关重要。

一、中国企业海外投资成功率不高

　　中国企业纷纷"出海"的背后，是并不令人乐观的"业绩"。目前我国企业海外投资的成功率并不高，部分中国企业为拓展海外业务甚至付出了巨大的代价。据商务部统计，中国企业海外投资65%亏损。随着中国企业海外投资项目日益增多，有关项目的纠纷也明显上升。

　　虽然这也符合商业经济的规律，即探路者终归一定要交一定的学费，但总结起来教训仍然深刻。因此，为了未来中国企业成功"走出去"，规避各种各样的风险，需要及时总结经验教训，分析失败案例，并找出对策。

　　梳理发现，我国海外投资失败主要有20种左右，见表6-1。

我国海外投资失败原因、案例及解决之道　　　　　　　　　　表6-1

失败原因	典型案例	解决之道
法律调研不充分	2008年，民生银行8.87亿人民币收购美国联合银行9.9%的股权,因美国联合银行在收购后不久关闭	项目前期法律调研对项目成功与否十分重要。中企在对外投资前务必进行全面深入的法律调研，及时发现法律障碍，从而有效避免投资损失
商业调研不充分	2007年，平安保险238亿元人民币投资欧洲富通集团,之后不久富通集团因受金融危机波及股价下跌超过70%,直接导致平安保险巨亏	商业调研不充分主要是指对影响投资项目成功的各种商业条件是否具备没有穷尽或判断失误，从而导致决策失误，投资失败失利。中国企业在境外投资前要全面仔细罗列影响投资成功的各种商业条件并进行实地考察

续表

失败原因	典型案例	解决之道
社会环境调研不充分	某墨西哥华人企业家在墨西哥某州做矿产投资,但对矿区及其周边社会条件没有足够关注。投资后发现所投矿区经常有毒贩出没血拼,只好放弃,导致投资失败	企业境外投资需要评估项目所在地的各项社会条件。对影响项目成功的全部必要条件和要素进行罗列并重点分析评估
尽职调查不充分	新奥股份 7.5 亿美元投资澳大利亚油气生产商 Santos,几个月后便曝出 santos 巨亏	中国企业因尽职调查不充分、不到位,或者在尽职调查阶段风险判断失误而失败失利的案例不少。中国企业"走出去",全面深入的尽职调查非常重要。尽职调查至少涵盖法律、财务、税务等方面
政府审批风险估计不足	中海油 185 亿美元并购优尼科因涉嫌威胁美国国防安全未能顺利通过美国外国投资委员会(CFIUS)审查而撤回要约	中国跨国并购可能触发政府审批时,要仔细评估相关政府审批风险,对能否顺利通过政府审批有充分分析和准备,在可能触及政府审批时,要主动申报
商业判断失误	齐星铁塔 1.4 亿美元收购南非金矿 Stonewal Mining 全部股权,因金价下滑而弃购,导致对方提起香港仲裁,被判支付约 8400 万元的分手费	因商业判断失误而导致境外投资失败的案例比比皆是,特别是石油、铁矿石和煤炭等大宗商品在前些年处于市场高位时的收购项目,近年来普遍因市场低迷出现群体性亏损
舆论导向错误	2002 年,紫金、中铝等中国企业正积极参与蒙古奥优陶勒盖铜金矿项目开发时,国内媒体为了突出报道主题,很不注意措辞,让蒙古觉得奥优陶勒盖项目背后还有着强烈的政治色彩,导致中企退出	建议中国企业对所投的政治敏感性境外项目进行适当保密,避免新闻媒体过早报道
中企内部竞争	德国 EEW 公司出售时,天楹、北京控股、首创环境等多家中国企业参加竞购。最终,北京控股高价胜出,交易对价 14.38 亿欧元	在海外并购和国际工程承包中,经常出现多家中国企业竞标同一项目,结果导致标的收购价格被抬高或工程承包项目低价竞争,导致中标后收益不佳甚至亏损。要进一步建立中国企业境外有序竞争的相关制度,避免中国企业在境外自相残杀而无利可图
不聘请国内律师或聘请境外律师不专业	民生银行 1.29 亿美元收购美国联合银行颗粒无收,投行和律师的目的就是为了拿手续费	中国企业走出去,一定同时聘请专业的境内、境外律师,且不可为省小钱,而吃大亏
合作伙伴选择不当	某集团投资巴西亏损 5 亿美元,其中一个重要原因就是其过分相信当地合作伙伴,合资公司被当地伙伴实际操控	建议在中方控股的情况下:不能让合作伙伴对合资公司形成控制权;不聘任合作伙伴推荐的律师或会计师;学会单独或与合作伙伴一起与当地政府和机构沟通交流,不完全依靠合作伙伴

续表

失败原因	典型案例	解决之道
被中间人绑架或误导	四川长虹与美国 APEX 的合作在美国销售彩电,导致数十亿元账款无法回收	中国企业获取海外项目,往往有中间人牵线搭桥。中间人为收取佣金或类似报酬,都有夸大项目收益,促成交易的心理。中国企业必须学会正确处理与中间人的关系:对中间人提供的信息都要进行验证,不可轻易相信,一旦发现中间人提供的信息不实,立刻终止合作;不能让中间人掌控投资项目,要直接与交易对方或者当地政府打交道;中间人报酬,根据项目节点和经营业绩确定并分期支付,切忌一次性支付;佣金协议或类似协议中明确中间人的义务,并设定完成时间节点和逾期违约责任
政府信用风险	墨西哥政府无理由取消中国高铁项目,并进而以财政紧缩为由宣布无限期搁置高铁招标计划	建议中国企业投资政府类项目时,充分考虑政府信用风险,并注意投保境外投资保险。海外投资保险业务是中国信保为鼓励投资者进行海外投资,对投资者因投资所在国发生的违约、汇兑限制、征收、战争及政治暴乱风险造成的经济损失进行赔偿的政策性保险业务
政府换届风险	2014 年,万达集团出资 2.65 亿欧元从桑坦德手中购入西班牙大厦,计划将其改建为豪华酒店和商业中心。时任马德里市政府通过决议,给万达集团改造大厦诸多自由权及优惠条件。但这些承诺在马德里地方选举后被完全推翻。万达方承担的费用飙升	境外政府换届对企业所投项目往往有举足轻重的影响。上届政府支持,下届政府不一定支持。一个党派支持,另一个党派往往要反对。建议中国企业在境外投资时,避开在政府换届前实施投资。还应密切关注政府选举,并把握可能组阁党派对所投项目的态度
征收或国有化	从 2007 年起,中国平安先后向比利时富通集团投资约 238 亿元,获得近 5%的股份。2008 年全球金融危机爆发后,富通集团被比政府国有化,并以低价出售。中国平安因此损失达 228 亿元	建议与当地有实力的优质合作伙伴合资,同时建议向中国出口信用保险公司投保
国家关系紧张升级	2014 年 5 月,中国与越南因南海争端升级,引发了越南民众对在越中国企业打砸抢烧事件,中国企业遭受重大损失	中国企业海外投资,需要密切关注中国与该国的双边关系,并对双边关系紧张或可能出现紧张的国家谨慎投资,否则很可能因为民族主义情绪而失败失利
战争	一旦投资所在国发生战争,中国在该国投资损失是普遍和巨大的。2011 年我国投资利比亚的 50 多个大型项目因利比亚战争而无法履行	建议中国企业尽量不要前去政局不稳定或被联合国或美国制裁的国家等存在潜在战争风险的国家去投资。如果去投资,要履行适当的法律手续并注意购买投资保险。对于没有与我国签订双边投资保护协定国家,建议通过与投资东道国有投资协定的国家转投
居民抗议	中电投 73 亿投资缅甸密松水电站和墨西哥坎昆龙城项目因遭受当地居民抗议而被叫停	建议中国企业在实施海外投资时,要注意广泛倾听当地居民对项目的意见。在实施重大海外项目时,要选择合资方式,此方面的法律风险一定程度上可以转嫁给当地伙伴承担

续表

失败原因	典型案例	解决之道
环保问题	宝钢在巴西与淡水河谷合资建设钢厂因选址靠近自然保护区和空气污染等环保问题至少两次搁浅	中国企业应加强环保风险评估并确保环保方面合法合规。中国企业在实际投资前，建议广泛听取当地居民对项目的看法，并举行合法听证，既要取得各级政府的大力支持，也要征得当地居民的广泛支持
贪图便宜收购亏损公司	某钢铁集团购买了濒临倒闭的秘鲁国有铁矿公司，收购后罢工不断、市场行情不佳以及设备失修等各种问题困扰多年，收购后的秘鲁铁矿成了鸡肋	建议中国企业不收购境外亏损公司，或者在收购前一定要非常谨慎，不打无把握之仗
税务问题	中海油服 2008 年收购的 COSL Drilling Europe AS，在 2013 年 11 月被挪威税务机关要求补交 2006 年、2007 年的所得税约 1.75 亿挪威克朗	对于此类风险，建议在收购协议明确由外方全部承担
对方违约，违约金偏低	中铝公司收购力拓，力拓毁约并支付 1.95 亿美元分手费。而中铝又对为其提供并购融资贷款的 4 家中国国有商业银行违约，中铝要赔偿给 4 大银行的违约金要远远高于此数	建议在并购协议中，努力争取足以覆盖中方损失的违约金金额
劳工问题	中信泰富投资澳洲磁铁矿项目，由于难以承受当地矿工相当于教授水平的工资标准，而试图从国内输送廉价劳工，因澳大利亚法律对外籍员工就业许可极其严格而未果	境外多数国家工人都有强大的工会，中国企业需要对境外劳工问题特别重视
所投国家经济衰退或崩溃、汇率大幅贬值	近年来，部分新兴经济体货币汇率大幅贬值，经济衰退明显，导致中国企业亏损较为严重	海外投资，需要密切关注投资所在国经济形势及长期走势和汇率变动风险。中国企业需要建立本外币资金池，统一运用所有境内外外汇头寸，通过整合集团内部多币种的外汇资源，建立动态的汇率成本控制机制和内部对冲风险的机制，打造低成本资金平台，最大程度规避汇率风险
未融入当地风险	西班牙、非洲等国家多次发生华商被抢事件，一定程度上也说明，华商没有完全融入当地并与当地人和谐相处	建议中国企业及其中国员工遵守当地法律法规、尊重当地宗教信仰和风俗习惯，履行社会责任，融入当地
内控失效	某投资巴西亏损数亿美元，合资公司被当地伙伴实际操控	中国企业境外投资，应建立科学有效的治理架构，既要防止被外方控制，也要防止中方个人专断
不注重经营合规	中国企业在菲律宾、赞比亚以及加蓬等国家都出现过因行贿招致诉讼并影响项目顺利推进的事件	建议中国企业在设立或收购当地公司后，立刻聘请当地专业的律师，在当地专业律师的建议下依法合规开展经营，切忌为了节省费用而不聘当地专业律师，否则代价极其惨重
团队薄弱风险	中国铁建 EPC 投资沙特麦加轻轨项目方损失人民币 41.53 亿元。一个重要原因是工程技术人员对工程量预估不足导致亏损	中国企业人员急需提高法律、英语、工程英语以及非英语国家的当地语言。中国企业在加强内部团队建设的同时，更需要聘请专业的境内境外律师和会计师以及其他服务机构协同作战

二、中国企业走向"一带一路"的风险

"一带一路"建设为中国企业提供了机遇，但也充满了挑战。

1. "一带一路"的风险

研究发现，中国企业投资"一带一路"沿线国家，面临诸多方面的风险。中国企业"走出去"，对东道国而言就是"引资"。在此过程中，必然涉及不同国家和地区的不同政治制度、法律法规、文化习惯、生态环境、劳动问题等。换一个角度来说，中国企业"走出去"获取经济利益的同时，自身也面临着方方面面的风险，且这种风险与国内的商业环境有着根本的不同：既有商业、法律、环境保护等常规的风险，还有文化、劳工等特殊的风险，甚至还夹杂着政治风险和战争风险等不可抗力的风险。

"一带一路"沿线许多国家基础建设落后，产业结构比较单一，国内经济状况受国际资源和能源价格的波动影响大，经济水平相对落后。中国企业在"一带一路"沿线国家和地区投资大型基础建设，实际面临投入大、风险大、周期长、收益少的现实风险，盈利前景不明朗。

2015 年 10 月，汤森路透发布名为《中国企业全球化的机遇与挑战》白皮书，在法律政治风险方面，白皮书指出，欧美发达国家及多数发展中国家对于外资监管制度存在较大差异，发达国家在行业准入方面的限制不多，但他们依靠反垄断调查、国家安全审查、外资审查等政府监管制度；发展中国家和欠发达地区，对于外国投资在产业政策、外汇管制、行业准入方面可能会有限制性或特殊规定。

2. "一带一路"风险原因分析

进一步分析发现，"一带一路"沿线国家的风险和安全，往往有着极为复杂的原因。

（1）从国际政治经济上来讲，当前我国大力推广"一带一路"倡议，惠及沿线各个国家和地区人民，但这被视为某种挑战西方的战略，一些域外因素有意制造麻烦和困难以掣肘中国（如某些生态环保问题和劳工问题被刻意放大，以诋毁中国企业和中国的国家形象，给中国企业投资"一带一路"故意制造障碍等），使中国企业成为海外投资的牺牲品。此外，项目所在国的政权变更、民族分裂等政治风险也是中国企业面临的风险。此前，中国企业投资的多个海外大型基础设施建设项目由于项目所在国政局变化和领导人更迭而遭受重大挫折，教训深刻。

（2）由于"一带一路"沿线的一些国家在法律上与国际接轨程度较低，法律体系不够成熟，法律环境较差，因此，中国企业可能面临严重的法律风险，例如税收缴纳、安全环保、劳资关系、并购法律、国家安全审查等诸多法律风险。实践表明，不少中国企业因为对国外法律风险认识不足造成了重大投资损失❺。中国企业"走出去"面临的多数风险都可以归结为法律风险。对于走向"一带一路"的中国企业，首先要详细了解所在国的法律体系。其次，应该对法律风险有充分的认识和预估。一句话，法律风险荆棘遍地，中国企业需要小心翼翼。

（3）中国企业投资"一带一路"项目，在投资、融资、建设、经营的过程中，往往需要借助国内或者国际金融机构的资金支持，因此需要兑换不同货币，这样中国企业就面临着汇兑风险，即由于外汇汇率的不确定性导致企业可能面临的经营活动的净现金流价值发生不确定性的波动，有时由于项目东道国的限制甚至出现无法汇出或汇入现金流的情况。

"一带一路"沿线大多数国家风险等级偏高，而且币种偏小，在国际上流通性比较差。不仅如此，这些国家利率风险、汇率风险对冲的工具非常缺乏。在这种情况下，中国企业投资"一带一路"项目，应该重点解决汇率风险问题，比如形成人民币跟项目当地货币互惠和互换机制、扩大人民币在"一带一路"沿线区域使用的方便程度以及更多中国金融机构为中国企业提供属地化的金融服务等，从而帮助中国企业降低汇兑风险。

（4）中国企业走向"一带一路"存在着明显的短板或不足。一方面，从海外投资环境来看，与欧美发达国家的公司尤其是跨国公司相比，中国企业属于后来者。换句话说，那些投资环境好、风险不高、利润较大的所谓"优质市场"已经被那些实力强劲的跨国公司所占据，真正留给中国企业的"优质市场"并不多。正如某矿业央企海外公司负责人指出的，中国企业是后来者，好开采的矿早就让别人拿走，中国企业没有更好的选择。因此，中国企业拓展"一带一路"市场时，一定要仔细、慎重辨别风险，切不可心浮气躁，更不可不顾风险盲目介入。否则介入后发现风险想抽身时却身不由己，后悔却来不及。另一方面，从企业自身的管理能力和商业经验来看，与欧美发达国家跨国公司相比，我国企业同样处于劣势。众所周知，中国企业真正大规模"走出去"不过是近十多年或者说是近几年的事，而欧美发达国家跨国公司纵横国际市场已经有上百年历史甚至更久。现实情况是，我国企业"走出去"较晚，对国际市场的风险评估能力较弱，缺乏海外投资的经验。因此，中国企业要主动挖掘市场潜力，开拓新的优质市场，一定要有强烈的风险防范意识，未雨绸缪，同时要提高海外投资的风险控制能力、

---

❺　如2010年某企业在沙特阿拉伯承建轻轨项目，由于合同签订过于草率，需求不明确，报价过低，导致在工程实施过程中，沙特方面不断提出增加工程量的要求，甚至提出新的功能要求，而双方此前在合同中并没有针对这个项目列出详细的工程量。为了将整个项目完成，不得不赔本继续推进项目工期，最终巨亏42亿元。

适应能力和管理水平，实现与当地经济社会的良性融合。

三、"一带一路"PPP项目风险控制

相比于欧美发达国家和地区，"一带一路"沿线的一些国家经济发展水平较低、基础设施建设落后以及政局动荡甚至战争等一系列重大风险。中国企业投资"一带一路"PPP项目时，一定要综合考虑各类风险因素，未雨绸缪，并制定出有针对性的应对方案。对于中国企业而言，在运用PPP模式建设"一带一路"沿线国家相关基础设施建设时，一定要注重将项目经济技术可行性与风险控制结合起来，科学地设计风险分担机制，将"一带一路"PPP项目的风险降到最低。

1. 详尽调查项目东道国法律环境

无论是项目东道国政府信用风险、环境风险、劳工风险，还是居民抗议风险、征收或国有化风险，从很大程度上看，大都指向法律风险。"一带一路"

"一带一路"沿线国家有60多个国家和地区，涉及亚洲、欧洲、非洲、南美洲、大洋洲等大洲。而就沿线国家法律体系而言，各个国家之间法律法规、法律体系不尽相同。有的国家属于大陆法系，有的国家属于英美法系，有国家属于伊斯兰法系，还有的国家则属于混合法系。因此，无论是法律体系、法律文化还是法律环境均不相同，将给市场主体带来一系列具有不确定性的法律风险，这要求海外社会资本在投资"一带一路"沿线国家时，一定要充分调研、深刻了解PPP项目所在国的法律体系，以便更好的操作项目，避免遇到项目争端后救济难。

因此，中国企业要深入了解、掌握项目东道国的法律和规避法律风险，是企业整个投资战略的第一步，也是关键性的一步。这一步如果没迈好，接下来将陷入无穷无尽的烦恼，失败的可能性相当大。套用一句俗语，便是"一步错步步错"。那么，怎样才能迈好这关键性的一步呢？建议中国企业一定要多方谋划，组织专业的团队或聘请国内外咨询机构，对项目东道国的政治环境、经济环境、金融环境、法律环境、文化环境和PPP相关法律制度进行研判，详尽调查，不可冒险出击，尤其要对PPP项目投资需求和投资风险进行梳理，形成项目东道国PPP投资务实操作手册，以提高投资的针对性和有效性。否则，一旦投资成为定局，未曾考虑到的风险出现，将损失惨重。这一点，本书"海外投资失败原因分析及典型案例"已有涉及，在此不再赘述。

(1) 掌握投资壁垒问题

通常情况下，一个国家对海外投资（此处指外资进入）都有相关限制性的规定，设置投资壁垒，即使是在欧美国家亦是如此。所不同的是，美国对外资的限制主要是技术、知识产权和国家安全等壁垒，而欧盟国家主要是通过设置准入限制和国民待遇等形式进行干预。

具体来说，美国长期奉行自由政策，基本不设限制，但在航空、通信、原子能等相对敏感行业中有限制性规定❺。欧盟很多成员国对银行、钢铁和能源部门设置障碍。而在发展中国家壁垒设置相对更多，如某国《建筑法》规定，外国投资者可以合资企业的形式进入该国建筑业，但外资在建筑合资企业中的持股比重不得超过49%。又如某国《矿产法》规定，企业在准备转让矿产开发权或出卖股份时，须经该国能源和矿产资源部审批，而能源和矿产资源部在发放许可证时享有很大的自由裁量权，有权拒绝发放许可证。某国《矿产法》还规定，国家不仅可以优先购买矿产开发企业所转让的开发权或股份，还可以优先购买能对矿产开发企业决策产生直接或间接影响的其他企业所转让的开发权或股份。分析认为，某国这种对投资企业的股权转让、退出做出的规定和安排，对外国投资者进入（尤其是收购）或退出该国矿产企业构成了实质性障碍。如果中国企业不了解这一极大限制外资股权的法律，贸然进入，风险会很大。

（2）PPP项目是否属于限制性行业

"一带一路"建设主要涉及基础设施（如道路、港口、水库等）和能源（如矿山开发、油气开采、发电等），此外，还有市政设施（如供水、供气、污水和垃圾处理等）以及公共服务（如教育、医疗等）。中国企业投资"一带一路"，一定要提前深入了解哪些行业可以投，哪些行业属于限制性行业。

2. 尊重项目东道国政治和人文环境

中国企业在投资"一带一路"PPP项目的过程中，在与项目东道国政府保持密切合作的同时，一定要尊重东道国的政治和人文环境。

（1）高度重视政治不确定性风险

对外投资涉及复杂的政治经济关系，项目投资风险较大。世界经济论坛发布的《2015～2016全球竞争力报告》显示，"一带一路"沿线的缅甸、巴基斯坦、保加利亚、印度、摩尔多瓦、波黑、孟加拉国、黎巴嫩、泰国、尼泊尔等国家的政党轮换频繁或政局不稳，对投资等商业活动的影响较大，中国企业在投资这些国家的PPP项目时，要高度关注政治不确定性风险。专家建议认为，中国企业投资"一带一路"沿线国家和地区，一定要紧密围绕六大经济走廊❺，根据我国政府与其他国家政府层面沟通进度安排项目投资合作计划，同时在项目投资的过程

---

❺　2007年美国颁布的《埃克森—佛罗里奥修正案》、《2007年外国投资法和国家安全法》以及2008年颁布的《关于外国人收购、兼并和接管的条例》构成了美国投资管理的基本制度。

❺　中国正与"一带一路"沿线国家一道，积极规划中蒙俄、新亚欧大陆桥、中国—中亚—西亚、中国—中南半岛、中巴、孟中印缅六大经济走廊建设。

中寻求我国商务部、大使馆等政府部门机构的支持协助，尽可能降低项目投资风险。

（2）积极履行社会责任

中国企业要积极履行社会责任，充分考虑项目东道国政府、合作伙伴、当地社区居民的合理关切，热心公益，改善民生和环境保护，努力建设双赢、多赢的命运共同体。中石油公益事业投入几乎涵盖所有项目所在国，直接受益人数达200多万人，如在哈萨克斯坦资助近千名优秀学生到中国留学，在缅甸新建改建72所学校30所医院以及电力、道路桥梁、供水等基础设施，帮助中缅原油管道的起点马德岛通公路、通电、通水。

3. 加强与当地政府合作，实现风险分担和利益共享

由于绝大多数PPP项目投入资金大、回收周期长、期间存在各种变数，存在着各种各样的风险。PPP模式的核心原则是"利益共享、风险共担"，在风险分担和利益分配方面要兼顾公平与效率：既要合理分配项目风险，又要设置科学的投资回报机制。结合国内实际，中国企业投资"一带一路"PPP项目时，鉴于国外政治经济环境更加复杂、不确定性风险因素更多，需要加强与东道国政府紧密合作，明确风险责任，合理分配风险。具体来讲，PPP项目尽量将政治、法律和政策等方面的风险分担给当地政府，市场方面的风险由企业与当地政府共担，企业主要承担融资、建设、运营等方面的风险。

4. 确定合理的PPP合作模式，与相关各方形成利益共同体

中国企业投资"一带一路"PPP，需要与项目东道国政府或者代表政府的企业谈判，双方签署长达数十年的合同期限。在谈判过程中，面对项目东道国政府或者代表政府的企业，中国企业往往处于劣势地位。如何摆脱弱势地位成为中国企业面临的挑战。因此，中国企业一定要妥善处理与当地政府的关系，避免项目谈判和合作中的被动局面。为了规避"一带一路"PPP项目风险，中国企业需要与沿线国家的政府、社会资本和当地居民开展合作，并充分考虑各作各方的利益诉求。在促进沿线国家经济发展的同时，还要实现合作各方的共同受益。具体来说，中国企业可以根据PPP项目的不同特点，分别与项目东道国政府、相关社会资本、国际国内金融机构以及当地居民开展股权层面、债权层面和雇佣层面的合作，绑定各方利益、发挥各方积极性，形成一个稳定的利益共同体，从而降低PPP项目投资风险、保障项目建设、运营的持续性。

5. PPP合同中约定风险分担

PPP项目合同的一个核心是"利益共享，风险共担"，中国企业投资"一带一路"PPP项目，一定要与东道国政府约定好各自的权利义务，设置好合理的

风险分配体系。

虽然我国大力推广 PPP 模式的时间并不长，但已经摸索出了较为成功的 PPP 项目风险分担机制，这一点值得"一带一路"PPP 项目政府与社会资本借鉴：PPP 项目的风险识别与合理分配是成功运用 PPP 模式的关键，在特许经营协议设计中应当权责对应地把风险分配给相对最有利承担的一方。我国国家发改委《关于开展政府和社会资本合作的指导意见》（发改投资〔2014〕2724 号）指出，按照风险收益对等原则，在政府和社会资本间合理分配项目风险。原则上，项目的建设、运营风险由社会资本承担，法律、政策调整风险由政府承担，自然灾害等不可抗力风险由双方共同承担；我国财政部《关于印发政府和社会资本合作模式操作指南（试行）的通知》（财金〔2014〕113 号）对 PPP 项目的风险分配基本框架作了规定：按照风险分配优化、风险收益对等和风险可控等原则，综合考虑政府风险管理能力、项目回报机制和市场风险管理能力等要素，在政府和社会资本间合理分配项目风险。原则上，项目设计、建造、财务和运营维护等商业风险由社会资本承担，法律、政策和最低需求等风险由政府承担，不可抗力等风险由政府和社会资本合理共担。

此外，鉴于"一带一路"PPP 项目投资规模巨大、建设运营期限长，存在各种不可控的风险因素，中国企业需要根据 PPP 项目融资、建设、运营等不同阶段不同类型的风险分别进行投保以分担风险。实践中，中国企业作为社会资本，主要通过签订包括货物运输险、建筑工程险、第三人责任险等降低或者转移风险。而对于与我国没有签订双边投资保护协定国家，建议通过与项目东道国有投资协定的国家转投。此外，中国企业还可以与东道国有实力的优质合作伙伴合资合作，向中国出口信用保险公司投保等。

四、央企做好"一带一路"PPP 风险防范

"一带一路"倡议的实施为中国企业带来了新一轮投资机遇，尤其是央企迎来了投资"一带一路"PPP 的良机。

事实上，目前深入推进"一带一路"建设的中国企业中，央企是一支不可忽视的中坚力量。因此，如何做好风险控制对"一带一路"中乘风破浪的央企提出了严峻的挑战。

1. 央企海外投资 PPP 项目

近年来，"一带一路"等海外市场成为央企瞄准的市场目标，中国电建、中国交建、中国建筑、中国中铁、中国铁建、中国中冶、葛洲坝集团等业务遍布"一带一路"等海外市场。以中国交建为例，中国交建是国务院国资委确定的

"国际化经营战略 10 家重点联系企业"和"培育世界一流企业 10 家重点联系企业",是仅有的 3 家"双十"中央企业之一。中国交建通过投资建设中国标准的产业园区、工业园区、物流园区、自由贸易园区、保税区、城市综合体开发等 PPP 项目,推动南亚、东南亚、非洲等多个核心经济地带 20 多个园区的规划和建设。截至 2015 年底,中国交建在海外 12 个国家实施投资项目,正在 8 个国家推进 PPP 项目,投资总额近 90 亿美元。

2. 央企做好"一带一路"PPP 项目风险控制

"一带一路"沿线国家发展程度不一,经济水平差异较大,尤其是部分发展中国家抵御外部经济风险能力较弱,中国央企投资"一带一路"一定要高度重视各种风险,制定应急预案。

公开资料显示,目前央企在海外有 5 万多亿资产,34.6 万员工。国有资产保值增值是国资委和中央企业的基本责任。分析认为,央企要做好"一带一路"建设风险控制,主要应该从以下几方面着手。

(1) 从顶层设计上严格要求央企。为防止和减少央企"一带一路"建设风险,国资委采取了各类措施,如风险评估、风险预警、风险处置等。

(2) 央企在投资"一带一路"项目的决策、风险评估方面要非常慎重,要将深入研究和预测各种风险,并采取针对性的风险应对措施。

一方面,严格按照商业规律和商业准则做好风险控制,如法律和商业调研、尽职调查和社会环境调研是否充分,由于商业性质的调研不充分导致所投项目失败的案例不胜枚举。因此,中国企业投资"一带一路",一定要详细罗列影响项目投资的各种商业因素,聘请专业的国际国内中介机构尤其是咨询、法律、金融、管理、商业、文化等方面的中介机构,做好详细的商业调研,将商业调研做到极致,将商业风险控制到最低,千万不能心疼中介费用或者图省事忽略了商业调研。否则,数以亿计的资产投到海外,遇到不可控的因素(如收购项目倒闭、股价暴跌、当地公众反对、劳工问题等),损失将远远超过中介费用。因小失大、"捡了芝麻丢了西瓜"的事,中国央企绝对不能干。

研究发现,国外企业来中国做 PPP 项目时,都是由包括社会资本、各类金融机构、律师以及咨询公司等在内的一个专业化团队组成,这个团队一起对项目进行专业化的尽调和评估,这为中国企业投资"一带一路"提供了有益的借鉴。

另一方面,中国央企当务之急是提高自身的经营实力,在技术、品牌、文化等各方面下功夫。央企需要不断提高团队的综合能力,做好内部控制、融入当地社会文化(遵守当地法律法规、尊重当地宗教信仰和风俗习惯,履行社会责任,建设和生产经营过程中聘请当地人等)以及合规经营等。

(3) 与外资共同组成合资公司降低风险。需要说明的是,组建合资公司有利有弊：有利之处是在资金方面吸引当地社会资本投入，从而形成利益共同体。此外，由于外方股东熟悉东道国的经济、法律和文化，可以和中国企业共同抵御商业风险。而不利之处是合资公司股东多，利益关系复杂，公司很容易失控，尤其是在 PPP 项目公司股权架构不清晰的情况下更容易导致企业滑向失控的边缘，导致中国央企投资受损，此前这方面的教训很多。为了解决这个问题，作为外方社会资本，中国央企与在项目所在国社会资本组成联合体时，中方应该牢牢掌握控制权。当然，也要防止合资公司中方个人独断专行引起外方不满。总的原则是在中方作为控股股东的前提下合作共赢。

（4）中国央企一定要考虑好退出机制。灵活合理的退出机制能够帮助中国央企减少因长期建设、运营项目带来的不可预见风险。

3. 中国企业抱团投资"一带一路"PPP

"一带一路"PPP 项目如高铁、高速公路、港口、发电、园区建设等大都投资规模大、合作周期长、建设和运营复杂，需要包括金融、建设、运营等不同类型的企业优势互补，共同参与 PPP 项目，一是抓住机遇，二是分担风险。而通过打造"一带一路"产业集群式平台，可以形成产业聚集效应，促进中国企业共同发展，同时大大降低中国企业"走出去"的风险。事实上，国内资金和技术实力雄厚、建设和运营经验丰富、产业链条完整的中国建筑、中铁、中交建等大型央企，在开拓"一带一路"PPP 市场时，正强强联合抱团出海以抢抓国际市场、分担项目投资风险。

4. 央企"一带一路"风险总体可控

投资有风险，尤其是对"出海"时间不长且积累经验不多的中央企业更是如此。在近年来的海外投资中，央企的确也交了不少"天价学费"，教训深刻。但随着"出海"时间越来越长，央企这个"渔民"经历的风浪越来越大，积累的经验也越来越多，自然抗风险能力也越来越强。

此外，国资委不断加强督导、指导和追责，特别是对违规决策、盲目投资、违反规定投资造成损失的严肃追责。多方因素下，央企无论是风险意识，还是防风险能力都有了非常大的提高。

在"一带一路"建设过程中，央企总体风险完全可控。现实情况是，不断提高自身对外市场拓展实力的我国央企，正以开放和包容的心态与"一带一路"沿线项目东道国携手合作，发挥各自优势，合理分担风险，建成优质项目，实现双方乃至多方"共赢"。可以说，这方面我国的央企进行了成功探索，效果明显。

第七章 "一带一路"PPP项目法律争议解决

随着中国企业对"一带一路"沿线国家PPP项目的投资增长，投资争端将会越来越多，无论是对中国企业还是项目东道国政府都提出了严峻挑战。如何科学合理地解决争端？如何更好地维护合作各方的切身利益？如何确保沿线国家PPP项目的顺利推进，构建"一带一路"统一、高效和公正的投资争端解决机制势在必行。

一、PPP项目合同体系

中国企业"走出去"参与"一带一路"PPP项目，首先涉及项目谈判的问题，如项目所处的行业、存在的现状、未来的发展前景、项目的盈利点、隐藏的风险等。可以说，这是一个庞杂的合同体系。尤其对"一带一路"PPP项目而言更是如此：中国企业参与具体的PPP项目，需要与东道国地方政府进行充分的谈判协商，一旦确定合作，还需要与各项目参与方（地方政府、金融机构、建筑商、供应商、运营商等）签订一系列的PPP合同，涉及与多个合同相对人的谈判协商。总的来说，作为"一带一路"PPP项目中的社会资本，社会资本是整个PPP项目的核心，以其为"龙头"促进一系列合同相对方共同开展项目，这就需要中国企业具有很高的法律防范意识和法律专业知识。

1. PPP合同是一个综合法律体系

如果将PPP项目比作一艘船，小的项目如几千万上亿的项目称为"小船"、数十亿的称为"大船"，超过百亿的称为"巨舰"。但无论是什么的船，都需要各方齐心协力才能拉动船行走。就PPP模式本身而言，合作的主体主要是地方政府和包括央企、国企、民资、外资在内的各类社会资本，此外，还有围绕PPP项目的设计、融资、建设、运营、维护以及中介机构如咨询、审计、评估、招投标公司等。因此，PPP合同是一个综合的法律体系。在这个庞大的法律体系中，项目各参与方通过与对方签订合同来确立和调整彼此之间的权利义务关系。具体来说，PPP合同体系主要由各个基本合同构成，通常包括PPP项目合同、股东协议（如果政府方也参与PPP项目或者社会资本是一个联合体，就需要有组建项目公司的股东协议）、融资合同、运营服务合同和保险合同等基本合同。

2. PPP 项目合同

PPP 项目合同主要是指地方政府和社会资本之间签订的合作合同。PPP 项目合同是其他合同产生的基础，也是整个 PPP 项目合同体系的核心。什么是 PPP 项目合同？国家发改委印发的《PPP 项目通用合同指南》规定："PPP 项目合同是指政府主体和社会资本依据《中华人民共和国合同法》及其他法律法规就政府和社会资本合作项目的实施所订立的合同文件。"财政部印发的《PPP 项目合同指南》指出，"PPP 项目合同是指政府方（政府或政府授权机构）与社会资本方（社会资本或项目公司）依法就 PPP 项目合作所订立的合同。"国家发改委和财政部对 PPP 项目合同的定义基本相同，都强调政府方与社会资本方依法就 PPP 项目实施签订合同。

实践中，代表政府与社会资本方签订 PPP 项目合同的项目实施机构通常是住建、财政、交通、发改、环保、水务等部门，而社会资本通常是央企、国企、民企、外资乃至其他混合所有制企业。此外，有的 PPP 项目不成立项目公司，有的则根据具体情况成立专门的 PPP 项目公司。PPP 项目公司又分为两种：一种是社会资本单独成立，另一种是政府与社会资本共同成立，这种情况下通常是由社会资本占有控股地位。如果成立 PPP 项目公司，就涉及股东协议，股东协议由 PPP 项目公司的股东签订，用以约定股东之间的权利义务关系❸。

PPP 项目合同是合作双方权利与义务的依据，也是解决合作方争议和纠纷的依据。就"一带一路"PPP 项目而言，鉴于"一带一路"沿线国家社会经济环境不一，中国企业对沿线国家的了解程度远不如对国内社会经济环境的了解，为了降低投资风险，建议中国企业与东道国政府共同成立 PPP 项目公司。原因是东道国政府参与后，东道国政府与中国企业成为一个利益共同体，PPP 项目未来的建设、运营乃至维护中风险会更低。

3. PPP 项目融资贷款合同

PPP 项目大都是基建项目和社会公用事业项目，工程量非常大，需要投入的资金多，尤其是"一带一路"PPP 项目工程量更是惊人，项目往往是一个国家乃至地区的标志性建筑，如有的高速公路往往连接两个甚至更多国家，港口通常是国际性的大港口，这样的 PPP 项目投资巨大。因此，社会资本利用自有资金完成巨量的 PPP 项目并不太现实，需要向银行等金融机构融资。在这种情况

---

❸　股东协议的主要条款有：项目公司的设立和融资、经营范围、股东权利、履行 PPP 项目合同的股东承诺、股东的商业计划、股权转让、股东会、董事会、监事会组成及其职权范围、适用法律和争议解决等。

下，社会资本需要与银行、基金、信托、保险等资金提供方签订融资贷款合同。此外，还有担保人就项目贷款与资金提供方签订的担保合同、PPP 项目公司以项目未来收益权作抵押与资金提供方签订的项目收益权抵押合同等。

4. PPP 项目履约合同

PPP 项目履约合同主要包括工程设计合同、工程承包合同、原材料供应合同、运营服务合同等，这些合同是 PPP 项目合同进入实质操作阶段后，社会资本或 PPP 项目公司与相关方签订实施的一系列合同。

中国企业参与"一带一路"PPP 项目，同样也会涉及工程设计合同、工程承包合同、原材料供应合同、运营服务合同等，中国企业一定要有强烈的合同意识，将风险降到最低，重视对合同关键条款的研究与谈判是抵御 PPP 项目风险最为有效的举措。如有中方企业建设东欧某国高速公路项目，双方采用的是国际工程通用的 FIDIC⑤⑨ 合同。中方急于求成，在没有认真研究合同的情况下签订合同，导致最终签署的合同与 FIDIC 标准合同相比缺少了很多有利于中方的关键性条款，最后造成项目亏损。

二、PPP 项目诉讼无真正"赢家"

调研发现，PPP 项目合作过程中，政府与社会资本产生争议的现象并不鲜见，而诉诸法庭的案例也并不在少数。用一个形象的比喻，PPP 合作就像是地方政府与社会资本之间的一场"婚姻"，而非"恋爱"：地方政府需要引进优质社会资本，缓解地方财政压力，提高项目建设和运营效率，满足社会公众的生产生活需要；在全球经济增速放缓的大背景下，社会资本也需要寻找国内国际优质的项目进行投资，以开拓新的投资渠道，获取新的投资利润。因此，各有所求的双方"一见钟情"，迅速"热恋"起来。之后经过相互的了解和沟通，双方正式形成"婚姻"关系，并以签订 PPP 合同为标志，开始了漫长的"婚姻"。

然而，"恋爱"与"婚姻"具有本质的区别。实践中，政府和社会资本在经历了前期的"热恋"并结成"婚姻"关系后，时常会发生摩擦、争议。具体来说，双方往往会由于政府资金无法及时到位（通常为政府补贴项目或政府付费项目）、对社会资本提供的服务质量存在不同意见、价格调整机制不科学等产生一系列的争议或摩擦。这就像"结婚"后的夫妻，会有一个磨合的过程。如果双方

---

⑤⑨ 国际咨询工程师联合会，中文音译为"菲迪克"，指国际咨询工程师联合会这一独立的国际组织；于 1913 年由欧洲 5 国独立的咨询工程师协会在比利时根特成立。FIDIC 是国际上最有权威的被世界银行认可的咨询工程师组织。

能够平心静气、理智、科学、妥善地处理好这些矛盾，适时适当地互相做出让步，得到对方的理解，在最大程度上减少对方的损失和消除不良影响，PPP 项目尚可继续运行❻。而如果双方各执己见，互不相让，不能正确对待 PPP 项目合作中的矛盾或冲突，争议有可能越来越大，甚至最终闹上法庭。现实情况却是：PPP 项目争议一旦走法律程序，政府与社会资本对簿公堂，在这场 PPP 博弈中，并不会有真正的"赢家"。

1. 国内 PPP 法律问题

实践发现，当前困扰我国 PPP 发展的诸多障碍中，除了社会资本融资难、融资渠道不畅、投资回报率低等因素外，一个重要的原因是有关 PPP 的法律法规不完善，一些主要的法律问题还存在着较大的争议。

（1）权威的 PPP 立法尚未出台

自 2014 年以来，为大力推广 PPP，相关部门和地方政府出台了一系列规范性文件。据不完全统计，目前国务院及相关部委一共下发有关 PPP 的指导意见或通知近百个，各省级政府层面出台的 PPP 文件亦数以百计。不过，权威的 PPP 法律尚未出台，目前多为部门规章，法律效力相对不足❼，而且相互之间存在冲突，这样就衍生出新的问题：PPP 法律、法规和政策目前到底效力如何？现存的法律、法规和政策如果有矛盾，到底以哪一部为准？正是因为 PPP 立法未出台，下位法效力不高，导致地方政府在推广 PPP 的过程中存在较大的困难。

（2）PPP 合同：民事合同 OR 行政合同

对政府和社会资本而言，PPP 合同是确保双方发挥自身优势、解决相关争议、长期合作的法律保障。无论是政府还是社会资本，在签订 PPP 合同后，均希望和平相处、友好合作，尽最大努力实现各自目的。实际上，双方发生分歧的情况经常出现，问题处理不好争议就会越来越大，而一旦诉诸法庭，约定双方权利和义务的 PPP 合同便成为焦点问题。但令 PPP 理论和实务界都比较尴尬的是，关于 PPP 合同本身的法律性质、签约双方的法律地位等，目前都存在着较大争议。

一是行政合同说。持 PPP 合同为"行政合同"的观点认为：PPP 项目涉及政府行政行为，一方当事人为政府。PPP 项目主要涉及能源、交通、水利、养

---

❻ 以我国为例，由于我国 PPP 尚处于起步阶段，法律法规体系不健全，政府和社会资本都缺乏实践操作经验，有些问题不可避免，要想完全规避所有的矛盾和冲突既不可能也不现实

❼ 根据我国《立法法》的规定，法律体系框架主要分为三层：第一层为法律，由全国人大通过；第二层为行政法规，行政法规分为国务院行政法规和地方性法规，由国务院通过的是国务院行政法规，由地方人大常委会通过的是地方性法规；第三层为规章，规章分为国务院部门规章和地方政府规章，由国务院组成部门以部长令形式发布的是国务院部门规章，由地方政府以政府令形式发布是地方政府规章。

老、医疗、卫生、文化等公共产品或公共服务，这些都需要政府通过行政许可授予特许经营权。此外，项目多数具有公益的性质，最终接受服务的主体是社会公众，政府以监管者的角度出现，行使的是行政管理职能，体现的是行政合同的特点。二是民事合同说。认为 PPP 合同为 "民事合同" 的观点认为：民事合同体现的是当事人意思自治原则，PPP 合同是政府和社会资本双方平等一致的意思表示，是一种典型的民事法律行为。从 PPP 合同本身来看，合作双方政府与社会资本地位平等。而所谓行政部门的审批只是合同本身的生效要件，并不影响合同本身的民事合同性质；再从权利义务关系来看，政府与社会资本双方的权利义务对等。政府将基础设施和公用事业项目的收益权与社会资本的资金、技术和管理等进行交易。根据财政部《PPP 项目合同指南（试行）》（财金〔2014〕156号）规定，就 PPP 项目合同产生的合同争议，应属于平等的民事主体之间的争议，应适用民事诉讼程序，而非行政复议、行政诉讼程序。这一点不应因政府方是 PPP 项目合同的一方签约主体而有任何改变。

PPP 项目到底是适于民事合同还是行政合同，区别很大。如行政合同中双方地位并不对等，权利义务关系也并不一致，行政主体处于优越地位，行政管理相对人为弱势群体。按照法律专家的说法，行政诉讼中原告方即社会资本方胜诉率总体不到 10%。因此，PPP 合同如果被定性为行政合同，双方便处于不平等的位置，将明显加大社会资本的维权成本，不仅有违 PPP 制度设计初衷，而且将极大挫伤社会资本的积极性。

(3) 我国 PPP 立法迈出关键一步

要快速推广 PPP，提高 PPP 项目的落地率，关键的问题是进一步完善有关 PPP 的法律、法规和政策。2017 年 7 月，业内期待的 PPP 领域 "第一大法" 终于以 "条例" 形式出现：国务院法制办发布《基础设施和公共服务领域政府和社会资本合作条例（征求意见稿）》（以下简称 "PPP 条例征求意见稿"），规定国务院有关部门在各自的职责范围内，负责政府和社会资本合作的指导和监督；政府和社会资本合作的综合性管理措施，由国务院有关部门共同制定。PPP 条例征求意见稿明确，合作项目协议的履行，不受行政区划调整、政府换届、政府有关部门机构或者职能调整以及负责人变更的影响，以保障公共利益和社会资本方的合法权益等。PPP 条例征求意见稿根据合作项目的性质、特点，对合作项目争议规定了解决途径，如因合作项目协议履行发生争议的，协议双方应当协商解决；协商达成一致的，应当签订补充协议；因合作项目协议中的专业技术问题发生争议的，协议双方可以共同聘请有关专家或者专业技术机构提出专业意见。尤其需要强调的是，PPP 条例征求意见稿规定，因合作项目协议履行发生的争议，可以依法申请仲裁或者向人民法院提起诉讼；对政府有关部门作出的与合作项目的实施和监督管理有关的具体行政行为，社会资本方认为侵犯其合法权益的，有陈述、申辩的权利，并可以依法提起行政复议或者行政诉讼。分析认为，此项规定突出了行政复议或者行政诉讼的前提条件，即"政府有关部门作出的与合作项目的实施和监督管理有关的具体行政行为"，也就是说，只有在政府有关部门作出具体行政行为，社会资本需依法提请行政复议或者行政诉讼。而就 PPP 合同本身而言，政府与社会资本在履行 PPP 项目合同中发生争议后，适用民事诉讼法更为合适。

不过，虽然 PPP "立法"层级进一步上升，但在业内人士看来，涉及 PPP 实践的指导性还较为欠缺。

2. PPP 项目诉讼的后果

分析发现，政府与社会资本产生争议付诸法庭后，第一种可能性：政府胜诉，但会受到信用方面的损失，导致以后社会资本对投资本地望而却步。政府与社会资本打官司，社会资本败诉的风险较大，社会资本一旦败诉将面临巨大的经济损失（主要包括投资、融资、设计、建设和运营等费用）；第二种可能性：社会资本胜诉，但对未来继续运营极为不利。毕竟未来社会资本还需要与政府部门长期合作，还需要政府从资金（如补贴）、规划（如排他性竞争）等方面予以大力配合；第三种可能性：地方政府与社会资本达成和解，这种结果虽然很好，但双方为诉讼也花费了大量人力物力财务。

总的来说，无论哪一方胜诉，都不是双方当初合作时愿意看到的结果。如果法院判决双方继续合作，因为有了打官司这种不愉快的经历，双方接下来的合作是否会愉快将打一个大大的问号。至少失去了对方的信任：政府担心社会资本会在运营过程中"搞名堂"（如污水处理项目减少药剂、偷排）；社会资本担心政府会利用行政职权寻机"报复"，等等。

三、"一带一路" PPP 项目争议解决机制

"一带一路"沿线许多国家经过多年来在 PPP 项目上的实践，也颁布了相关的 PPP 法律法规并积累了相当的经验，这为 PPP 项目的顺利开展提供了一定的法律保障。

1. 争议解决机制是商业合同的重要组成部分

随着"一带一路"倡议的逐步推进，越来越多的中国企业到沿线国家投资，其中 PPP 成为中国企业与沿线国家政府合作的重要模式。在商业经济领域，有合作就有分歧，有友谊就有矛盾，有守约也有违约，这些都是自然现象。同样，在"一带一路"建设中，中国企业投资的 PPP 项目遇到东道国政府违约也是很

正常。作为"走出去"的中国企业来说，遇到外方违约绝不能惊慌失措，而是应该沉着应对，并以最低的成本、最小的代价科学合理地解决争议。

争议解决机制是任何商业合同的重要组成部分，PPP 项目合同也不例外。事实上，在我国当前规范的 PPP 项目合同中，争议解决机制都是不可或缺的一部分。那么，放眼海外，走向"一带一路"的中国企业，更应该重视争议解决机制，将争议解决的风险管理放到重要的位置加以重视。

2. 全球商业合作主要争议解决机制

梳理发现，全球范围内商业合作争议解决机制主要包括协商、调解、仲裁和诉讼。实践中，政府和社会资本一般都会就 PPP 合同约定发生争议时双方先协商解决，协商不成采取诉讼或者仲裁等条款。而即使是在民事诉讼阶段，协商解决也是一道必不可少的程序。在法官的调解之下，争议双方就 PPP 项目的焦点问题进行沟通，最后达成新的合意，矛盾得以调和，合同继续履行。据介绍，调解被国际社会誉为"东方价值"、"东方瑰宝"。包括中国法院和仲裁庭在内的东方司法和仲裁机构均非常重视调解，有的地区甚至将调解作为启动司法程序的先决条件。以我国为例，我国《民事诉讼法》规定，"人民法院审理民事案件，应当根据自愿和合法的原则进行调解；调解不成的，应当及时判决。""人民法院审理民事案件，根据当事人自愿的原则，在事实清楚的基础上，分清是非，进行调解。""人民法院进行调解，可以由审判员一人主持，也可以由合议庭主持，并尽可能就地进行。"⑫ 此外，相较仲裁和诉讼，协商、调解具有效率高、成本低的特点，因此受到许多国家法律制定部门的高度重视。

有专家认为，"一带一路"建设亟需加强法治建设，特别是多元化国际与区域争端解决机制建设，包括国际司法援助与合作机制、国际仲裁机制、国际调解机制等。

3. 国家主权豁免原则在仲裁或诉讼中的应用

在协商或调解达不成一致意见的情况下，投资"一带一路"PPP 项目的社会资本对东道国政府提起诉讼或仲裁，首先要考虑的是国家主权豁免问题。所谓国家主权豁免，是指一个国家的行为及其财产或免受他国管辖，包括他国的司法、行政和立法等方面管辖的豁免。通常的豁免是指司法意义上的豁免。从司法上说，国家主权豁免指不得对一个国家起诉或对其财产加以扣押或执行。这一实践的法律根据是主权原则，即各国都是平等独立的，一国不能接受另一国家的统

---

⑫ 例如：香港的民事诉讼必须先进行调解，只有确认当事方曾经进行调解，且调解无效后，香港的法院才可受理民事案件。

治。总的来说，国家主权豁免即非经一国同意，该国的行为免受他国法院的审判，其财产免受他国法院扣押和强制执行。

因为有"国家主权豁免"原则，投资"一带一路"PPP 项目的社会资本如果要对东道国政府提起诉讼，通常只能在东道国国内法院提起，东道国国内法院基于属地原则取得管辖权。反过来说，如果社会资本向他国法院对东道国政府提起诉讼，东道国政府有权基于"国家主权豁免原则"，拒绝接受他国法院管辖。因此，在"一带一路"PPP 项目纠纷中，社会资本要起诉东道国政府，只能在东道国国内法院提起诉讼，不能在他国法院提起诉讼，这是一条通行的原则。

4. 重视"一带一路"PPP 项目争议解决条款的设计

调查发现，部分社会资本有一种错误的观点，即认为政府和社会资本签订的 PPP 合同"越简单越好"、"越简单越利于执行"，忽视了未来合作双方发生争议后的解决机制问题。这是一种典型的"一张纸"观念。殊不知，一旦商业合同陷入纠纷，"一张纸"的弊端便显露无遗。实践中，正是由于对争议解决的风险管理存在认识上的误区，重视程度不够，导致一旦涉诉，中国企业在外败诉的很多。

实际上，争议解决条款的设计是风险管理的重要组成部分，也是 PPP 合同的重要组成部分。中国企业一定要重视"一带一路"PPP 项目争议解决条款的设计。

在中国企业积极投资"一带一路"PPP 项目的大背景下，中国企业与项目东道国政府和相关合作方发生争议不可避免。面对可能发生的各种风险，中国企业应当背靠强大的祖国，科学、灵活地运用法律知识、掌握法律武器，积极稳妥地解决争议。

四、我国对 PPP 项目争议解决的规定

就 PPP 项目争议解决，我国财政部和国家发改委均提出了争议解决的方式。规定可将相关争议提交仲裁或诉讼。

1. 国家部委对 PPP 项目解决解决的规定

财政部《PPP 项目合同指南（试行）》（财金［2014］156 号）附件第 20 节"适用法律及争议解决"规定，在适用法律方面，在一般的商业合同中，合同各方可以选择合同的管辖法律（即准据法）。但在 PPP 项目合同中，由于政府方是合同当事人之一，同时 PPP 项目属于基础设施和公共服务领域，涉及社会公共利益，因此在管辖法律的选择上应坚持属地原则，即在我国境内实施的 PPP 项

目的合同通常应适用我国法律并按照我国法律进行解释；在争议解决方面，由于 PPP 项目涉及的参与方众多、利益关系复杂且项目期限较长，因此在 PPP 项目所涉合同中，通常都会规定争议解决条款，就如何解决各方在合同签订后可能产生的合同纠纷进行明确的约定。争议解决条款中一般以仲裁或者诉讼作为最终的争议解决方式，并且通常会在最终争议解决方式前设置其他的争议解决机制，以期在无需仲裁或者诉讼的情况下快速解决争议，或达成一个暂时具有约束力、但可在之后的仲裁或诉讼中重新审议的临时解决办法。争议解决方式通常需要双方根据项目的具体情况进行灵活选择。《PPP 项目合同指南（试行）》列举了友好协商、专家裁决、仲裁三种 PPP 项目常见的争议解决方式。

（1）友好协商

为争取尽快解决争议，在多数 PPP 项目合同中，都会约定在发生争议后先由双方通过友好协商的方式解决纠纷。这样做的目的是为了防止双方在尝试通过协商解决争议之前直接启动正式的法律程序。实践中，协商的具体约定方式包括：一是协商前置。即发生争议后，双方必须在一段特定期限内进行协商，在该期限届满前双方均不能提起进一步的法律程序；二是选择协商。即将协商作为一个可以选择的争议解决程序，无论是否已进入协商程序，各方均可在任何时候启动诉讼或仲裁等其他程序；三是协商委员会。即在合同中明确约定由政府方和项目公司的代表组成协商委员会，双方一旦发生争议应当首先提交协商委员会协商解决。如果在约定时间内协商委员会无法就有关争议达成一致，则会进入下一阶段的争议解决程序。需要特别说明的是，通常协商应当是保密并且"无损实体权利"的，当事人在协商过程中所说的话或所提供的书面文件不得用于之后的法律程序。因为如果双方能够确定这些内容在将来的诉讼或仲裁中不会被作为不利于自己的证据，他们可能更愿意主动做出让步或提出解决方案。

（2）专家裁决

对于 PPP 项目中涉及的专业性或技术性纠纷，也可以通过专家裁决的方式解决。负责专家裁决的独立专家，可以由双方在 PPP 项目合同中予以委任，也可以在产生争议之前共同指定。专家裁决通常适用于对事实无异议、仅需要进行某些专业评估的情形，不适用于解决那些需要审查大量事实依据的纠纷，也不适用于解决纯粹的法律纠纷❸。

（3）仲裁

仲裁是一种以双方书面合意进入仲裁程序为前提（即合同双方必须书面约定将争议提交仲裁）的替代诉讼的纠纷解决方式。一般而言，仲裁相较于诉讼，具

---

❸ 需要说明的是，友好协商和专家裁决方式形成的结果不具有人民法院的强制执行力，如果一方不履行友好协商和专家裁决结果，那么不能通过人民法院司法强制执行手段执行。

有下列优点：一是仲裁程序更具灵活性，更尊重当事人的程序自主；二是仲裁程序更具专业性，当事人可以选择相关领域的专家作为仲裁员；三是仲裁程序更具保密性，除非双方协议可以公开仲裁，一般仲裁程序和仲裁结果均不会对外公开；四是仲裁程序一裁终局，有可能比诉讼程序更快捷、成本更低。依照我国法律，仲裁裁决与民事判决一样，具有终局性和法律约束力。除基于法律明确规定的事由，法院不能对仲裁的裁决程序和裁决结果进行干预。

此外，在 PPP 项目合同争议解决条款中，也可以选择诉讼作为最终的争议解决方式。实践中，诉讼程序相较于仲裁程序时间更长，程序更复杂，比较正式且对立性更强，因此 PPP 项目双方在选择最终的争议解决程序是需要仔细的考量。

2. 国家发改委文件对 PPP 合同的争议解决规定

国家发改委发布的《政府和社会资本合作项目通用合同指南》（2014 年版）第十四章"争议解决"中争议解决方式有以下几种：一是协商（通常情况下，项目合同各方应在一方发出争议通知指明争议事项后，首先争取通过友好协商的方式解决争议。协商条款的编写应包括基本协商原则、协商程序、参与协商人员及约定的协商期限。若在约定期限内无法通过协商方式解决问题，则采用调解、仲裁或诉讼方式处理争议）；二是调解（项目合同可约定采用调解方式解决争议，并明确调解委员会的组成、职权、议事原则，调解程序，费用的承担主体等内容）；三是仲裁或诉讼（协商或调解不能解决的争议，合同各方可约定采用仲裁或诉讼方式解决。采用仲裁方式的，应明确仲裁事项、仲裁机构）。此外，诉讼或仲裁期间项目各方对合同无争议的部分应继续履行；除法律规定或另有约定外，任何一方不得以发生争议为由，停止项目运营服务、停止项目运营支持服务或采取其他影响公共利益的措施。

3. PPP 项目合同约定争议解决案例

以某县立体停车库 PPP 项目为例。（见案例 7-1）

【案例 7-1】

作为智慧城市建设的重要组成部分，近年来我国智慧立体停车库发展迅猛，主要原因是随着我国汽车工业和城镇化的快速发展，城市机动车保有量不断增加，大、中、小城市相继出现了停车难和乱停车现象，尤其是在医院、商场、行政办公场所更是如此。某市医学院附属医院占地面积近 200 平方米，核定床位 1200 张，医院投入使用后年门（急）诊量预计将达到 60 万人次。为解决就医者的停车难问题，某市政府决定建设一座智能立体停车库（以下简称"本项目"），并采用 PPP 模式操作。

本项目拟建车位 156 个，建设期为 1 年，特许经营期限为 25 年。经过一系列 PPP 流程，某专业立体停车投资公司中标。某县交通运输局与某专业立体停车投资公司就 PPP 项目公司的争议解决约定"本合同在履行过程中发生的争议，各方本着友好、互利的原则协商解决；也可由有关部门调解解决，协商或调解不成的，应提交中国国际经济贸易仲裁委员会进行仲裁或向约定的非双方所在地的法院提起诉讼。"

五、建立"一带一路"沿线国家争端解决机构

"一带一路"倡议的实施涉及投资、贸易以及与之相关的知识产权保护等，随着"一带一路"倡议逐步落地，PPP 项目也越来越多。在合作过程中，社会资本与政府之间的争议不可避免。因此，如何科学、有效、合理地解决摩擦和争议是摆在沿线各国和社会资本面前的现实问题。

1. 亟待建立"一带一路"沿线国家争端解决机构

研究认为，基于"一带一路"沿线各国经济发展水平参差不齐、法律法规并不相同。在这种情况下，如果简单地照抄照搬已有的法律法规或者直接诉诸现行国际贸易争端解决机制，多数情况下并不符合目前"一带一路"沿线各国推广 PPP 的实际，也不符合 PPP 项目东道国政府和社会资本的切身利益和现实关注。也并不一定适合"一带一路"倡议背景下的国际争端解决机制。

因此，现实的选择是结合"一带一路"客观实际情况，在借鉴和吸收既有的国际贸易争端解决机制的基础上，建立符合"一带一路"建设的争端解决机构，以适应解决"一带一路"争端的实际需要。

2. 目前已有的争端解决机构

目前，国际上已有双边或多边投资协定解决争端。所谓双边投资协定（Bilateral Investment Treaty，简称 BIT）指两国之间订立的专门用于国际投资保护的双边条约。很多双边投资协定中涉及争端解决方式，既可以解决投资国与东道国国家间的争端，又可以解决投资者与东道国之间的争端。

根据商务部网站的数据，截至 2016 年 12 月，中国已经签署并生效的双边投资协定共计 104 个，其中包括哈萨克斯坦、泰国、新加坡等"一带一路"沿线的 56 个国家[64]。在这些双边投资协定中，对可仲裁事项的规定可大致分为两类，

---

[64] 中国与有关国家和地区的投资合作已经取得积极成果，已与"一带一路"沿线 11 个国家签署了自贸区协定，与 56 个沿线国家签署了双边投资协定。

一类是可对于投资有关的所有争端进行解决，另一类是仅仅只能解决关于征收带来的补偿额度争端。这些双边投资协定对解决我国投资者同东道国 PPP 项目的争端提供了有效的途径。

据了解，中国在一些早期签订的双边投资协定中往往对可以仲裁的事项有着严格规定，往往局限于征收、国有化等事项，随着 PPP 形式的多样化和融资的复杂化，PPP 投资争议的内容日趋多样。建议认为，为了维护中国社会资本的权益，我国进一步完善既有的双边投资协定势在必行，未来我国应同其他国家协商修改或签订补充协议，涵盖更广泛的争议内容，科学、合理地保护各方合作主体的利益。

3. "一带一路"沿线国家共同设立独立争端解决机构

是否有 PPP 项目东道国政府和外方社会资本均认可的争端解决机构？"一带一路"沿线国家可以共同设立一个新的独立争端解决机构，专门负责"一带一路"项目（包括 PPP 项目）争议的解决。无论是项目东道国政府还是外方社会资本，均可就对方违约行为诉诸该争端解决机构。

分析认为，独立争端解决机构主要优势有：一是"一带一路"沿线国家大多数为发展中国家，这类机构有利于发展中国家更多地融入世界经济的主流；二是"一带一路"国家在经济发展方面具有高度相似性，这有利于各方达成一致意见，而不是使项目东道国政府和社会资本陷入遥遥无期的争议拉锯战中，最后两败俱伤；三是作为一个专门针对"一带一路"项目争端的解决机构，对沿线相关国家的国情、经济发展状况和合作背景等有更充分的了解，较之通过其他解决机构，该机构更专业，也会使得解决结果更公平，更能得到争议双方的认可；四是该独立争端解决机构比国际上现有的其他争端解决机构更具科学性、前瞻性和实用性。

而就新的独立争端解决机构成立问题，业内专家建议采取"由下至上、先民间后官方"的原则，即先由"一带一路"沿线国家的专家学者讨论、建议争端解决机构的框架结构、运作模式、适用原则和运作细则等，然后提交"一带一路"沿线国家政府考虑。待沿线国家政府取得一定共识后，则可邀集政府代表具体谈判并达成协议。

4. 构建区域性的统一的国际仲裁机构

"一带一路"建设，有利于区域经济的协同发展。

要构建"一带一路"协同发展的区域经济共同体，就必须建立一个区域性的国际司法解决机构，具体负责"一带一路"沿线投资争端的解决。就区域争端解决，中国已经积极参与中国—东盟自由贸易区❻，利用该区域组织的争端解决机制来处理同"一带一路"沿线伙伴的PPP投资纠纷。主要包括磋商、调解、调停、仲裁等方式，各种方式可灵活运用，程序可自由选择，时间可随时开始、终止。

善为事者，必善为人；善为人者，必善制心。"一带一路"倡议的顺利推进，需要处理好合作各方复杂的权利义务关系，最终实现打造命运共同体的远大理想。

5. 我国在"一带一路"争议解决方面积极作为

2016年10月，武汉仲裁委在北京率先发起成立"一带一路"（中国）仲裁院，成为中国仲裁界首家服务"一带一路"倡议的专业仲裁院，受理"一带一路"建设工程和商事项目的争议或纠纷，依法保护中国企业的合法权益。该仲裁院已在2017年3月成功受理了第一件"一带一路"沿线建设工程争议纠纷案件，涉案标的额高达1.2亿元人民币。"一带一路"（中国）仲裁院负责人表示，已组织专家研究"一带一路"沿线国家的法律法规，为企业"走出去"推荐通用的国际仲裁示范条款，输出中国仲裁的理念。

---

❻　中国—东盟自由贸易区，是中国与东盟十国组建的自由贸易区。中国和东盟对话始于1991年，中国1996年成为东盟的全面对话伙伴国。2010年1月1日贸易区正式全面启动。自贸区建成后，东盟和中国的贸易占到世界贸易的13%，成为一个涵盖11个国家、19亿人口、GDP达6万亿美元的巨大经济体，是目前世界人口最多的自贸区，也是发展中国家间最大的自贸区。

第八章 "一带一路"PPP 项目仲裁解决方式

实践证明，在"一带一路"PPP 项目发生争议后，通过沿线国家的法院解决争议并非外方社会资本的首选。对 PPP 项目东道国政府而言，如果 PPP 项目发生争议，当然希望由本国法院解决；而对外方社会资本而言，为了更好地维护自身权益，更希望由第三国或国际组织仲裁解决争议。

一、仲裁解决方式具有多种优势

众所周知，"一带一路"沿线国家和地区投资环境存在着相当大的法律风险。在法律体系上，沿线国家分属大陆法系、英美法系和伊斯兰法系。此外，沿线国家大多属于新兴经济体和发展中国家，其法律制度并不完善，这对"一带一路"PPP 项目合作带来了争议隐忧。

"一带一路"PPP 项目政府和社会资本一旦发生争议，如何科学、合理地解决便摆在争议双方的面前。研究发现，从社会资本海外投资的角度看，在具体解决争议时，比起到法院提起诉讼、以诉讼方式解决，通过仲裁庭仲裁解决更为理想。

1. 仲裁方式具有多种优势

(1) 仲裁受地域和行政影响较小

研究发现，诉讼方式具有明显的属地性。实践中，PPP 项目合同各方更希望选择自己住所地法院作为管辖权法院，即项目东道国希望诉讼地在项目所在国，而外方社会资本希望诉讼地在社会资本所在国。究其原因，主要是以当事人国的法律程序解决争议对当事人较为有利。

相反，由于仲裁地往往既不在项目东道国所在地，也不在社会资本的所在地，因此受地域和行政影响较小。

(2) 仲裁程序精简且当事人具有高度的自由选择权

相比诉讼受程序性的限制比较大、解决争议更为繁琐，仲裁具有两大优点：一是程序精简，二是当事人具有高度的自由选择权。

一是程序精简，仲裁可以大大节约节省当事人的诉讼成本。按照仲裁规则，一般实行"一裁终裁制"，而诉讼则程序较为复杂，一般要经过多轮程序才能终审。以我国为例，我国司法诉讼执行的是"二审终审制"，而在英格兰地区，则需要三轮程序，整个过程甚至历时数年。仲裁的"一裁终局"制大大提高了纠纷解决的效率，规避了冗长的诉讼程序，降低了争议解决成本。进一步而言，这种诉讼成本既包括经济成本（社会资本需要聘请律师等），也包括宝贵的时间成本。

二是当事人具有高度的自由选择权。在国际仲裁中，当事人在仲裁程序中享有高度自主权，可以自由选择争议解决机构、争议解决地、争议解决规则、仲裁语言以及仲裁员等。就"一带一路"建设而言，沿线 60 多个国家中有 32 个国家以《联合国国际贸易法委员会国际商事仲裁示范法》为蓝本制定了本国的仲裁法。仲裁以充分的当事人意思自主为基础，仲裁机构的选定、仲裁员的指定、仲裁地和仲裁语言的确定、仲裁程序的安排等均优先由当事人自行约定，当事人在仲裁程序中享有高度自主权，这在法院诉讼中是难以实现的。以我国为例，我国《仲裁法》规定，"当事人采用仲裁方式解决纠纷，应当双方自愿，达成仲裁协议。没有仲裁协议，一方申请仲裁的，仲裁委员会不予受理。""仲裁庭在作出裁决前，可以先行调解。当事人自愿调解的，仲裁庭应当调解。调解不成的，应当及时作出裁决。调解达成协议的，仲裁庭应当制作调解书或者根据协议的结果制作裁决书。调解书与裁决书具有同等法律效力。"

由于当事人可以自由选项目争议裁判者，因此可以保证裁判的专业性。众所周知，"一带一路"PPP 项目等国际民商事争议涉及较复杂的法律和技术问题，因此需要来自各领域和相关行业的专家作为审理案件的仲裁员，而仲裁程序的高度自主权可以保障选择专业的仲裁员。具体来说，仲裁当事人可以选择本国国籍的专业人士担任仲裁员，可以约定由第三国籍的人士担任首席仲裁员，从而消除对于裁判者中立性的顾虑⑥⑥

（3）仲裁程序具有严格保密性

法院诉讼以公开审理为原则，司法审判通常采用公开审判方式（除非当事人以商业秘密为由要求不公开审理）。而保密性是国际商事仲裁的基本原则，一是仲裁程序保密性强，尤其是对商业秘密要求严格的 PPP 项目更是如此；二是仲裁范围往往仅限于仲裁员和仲裁当事人，这有效地保护了当事人的商业秘密、技术秘密以及商业声誉。

（4）仲裁裁决容易得到外国法院承认与执行

《联合国承认及执行外国仲裁裁决公约》（简称《纽约公约》）目前成员国已经达到 156 个，覆盖了全球约 80％的国家和地区，使得仲裁裁决更易得到各国

---

⑥⑥ 以上海国际仲裁中心为例，现有仲裁员 858 名，其中外籍及港澳台地区仲裁员 324 名，占 37.76％；仲裁员来自 61 个国家和地区，其中含 26 个"一带一路"沿线国家。此外，上海国际仲裁中心还允许当事人在《仲裁员名册》外选择仲裁员，为当事人提供了更大的选择空间。

法院的承认与执行❻。可以说，仲裁裁决在执行上的国际性优势，法院判决短期内将难以企及。

总的来说，仲裁具有受地域、行政影响较小、当事人自主意愿、程序保密、高效快捷等诸多优势，受到海内外市场主体的青睐，已经成为最为有效和最受欢迎的国际商事争议解决机制。因此，对于投资"一带一路"PPP 项目的中国企业而言，要尽可能在相关合同中选择仲裁方式作为争议解决机制。

2. 仲裁的核心要素

(1) 仲裁机构的选择

全球范围内知名的国际仲裁机构主要有国际商会仲裁院（ICC）、美国仲裁协会（AAA）、伦敦国际仲裁院（LCIA）不等。由于"一带一路"PPP 项目合作各方地位平等，因此建议选择中立于当事人双方的第三国作为仲裁地，并选择国际知名仲裁机构为争议解决机构，如前述 ICC、AAA 和 LCIA 等。

实践中，就仲裁机构的选择，政府间双边投资协定和自由贸易协定大多给予投资者仲裁选择，包括临时仲裁（大多适用《联合国国际贸易法委员会仲裁规则》）和机构仲裁（主要为国际投资争端解决中心，简称"ICSID"）。ICSID 是依据《解决国家与他国国民间投资争端公约》（即 1965 年《华盛顿公约》）而建立的世界上第一个专门解决国际投资争议的国际性常设仲裁机构，是一个通过调解和仲裁方式专为解决政府与外国私人投资者之间争端提供便利而设立的机构。在法律适用方面，ICSID 坚持意思自治原则，提交该中心调解和仲裁完全是出于自愿。近年来，ICSID 以程序上的公平性、裁决的中立性和有力性受到各方欢迎，发挥的作用越来越重要。具体来说，ICSID 的管辖权需满足三个要件：一是一方须为缔约国，另一方须为缔约国他国国民；二是争议须为直接投资引起；三是争议双方需一致同意将争端提交 ICSID 管辖。据了解，"一带一路"沿线许多国家都是 ICSID 的缔约国，具备将 PPP 投资争端提交其裁决的条件，这无疑为沿线 PPP 项目合作各方尤其是外国社会资本提供了一个有益的解决争端的渠道。不仅如此，《华盛顿公约》规定缔约方有义务承认并执行仲裁庭作出的裁决，相较于其他仲裁机构作出的裁决在执行上必须依赖《纽约公约》，ICSID 下的仲裁具有一定优势。

(2) 仲裁语言的选择

PPP 合同争议所选择的仲裁语言通常为项目所在地语言，而"一带一路"

---

❻ 据统计，截至 2015 年 11 月，"一带一路"沿线 64 个国家中加入《纽约公约》的国家有 55 个，前述 64 个国家中，同中国签订有民事司法协助条约的国家仅为 10 个、签订有民事及刑事司法协助条约的国家也只有 16 个。

沿线国家中以英语作为官方语言者为数不多，项目所在地语言往往不是国际通用的商务语言。如果仲裁使用项目所在地语言，那么仲裁跨国界的优势将无法体现。建议各方当事人在仲裁条款中力争选择英语作为仲裁语言。

(3) 限制政府方的司法豁免权

如上所述，"一带一路"沿线国家享有"国家主权豁免"，项目在第三国仲裁后，还面临着执行的问题。作为社会资本，为防止政府方通过豁免权免除执行合同义务，维护自身权益，应在仲裁条款中明确政府方不享有司法豁免权。

二、中国企业如何选择仲裁

中国企业投资"一带一路"PPP项目，在与项目东道国政府发生争议需要仲裁，应该如何采取仲裁措施，需要注意哪些事项才能确保自己的利益呢？

1. 尽可能约定对中方企业有利的仲裁条款

必须承认的是，在制定商业合同的严谨性和科学性方面，国外尤其是西方商业发达的国家比我国要先进得多。在实际操作中，与外方合作的中国企业往往被动地接受外方提供的所谓格式合同，而这些格式合同中的部分格式条款往往对外方有利，而对中方不利。一旦合同发生争议，中国企业将陷于被动，面临的风险很大。因此，中国企业一定要格外谨慎，在签订合作合同并约定以仲裁方式解决争议时，尽可能约定对己方有利的仲裁条款。

2. 尽可能选择中国境内的仲裁机构

在外方提供的格式合同中，往往约定一旦发生争议，需要到海外仲裁机构仲裁。应该说，仲裁地点和仲裁机构的选择是合作双方利益博弈的焦点，多数情况下会陷入拉锯战式的谈判。原因很简单：选择己方所在国仲裁地点和仲裁机构往往对自己有利，当然，这并非说己方所在国仲裁机构不公正，而是仲裁所适用的法律、仲裁语言等在很大程度上有利于己方（至少对方并不占有优势）。对中国企业而言，在投资"一带一路"项目时，如果PPP项目合同约定在中国境内仲裁，那么"仲裁员不懂中国法律"、"歧视中国企业"等常见的问题均可迎刃而解。

此外，由于"一带一路"沿线大部分国家为发展中国家，仲裁机构比较发达的国家相对较少，我国仲裁机构迎来发展机遇。我国仲裁机构应从以下几方面着手：

(1) 国际化的视野、专业化能力和市场化目标

我国仲裁机构应当借鉴国际上成熟的仲裁制度和重要仲裁机构的仲裁规则，

围绕"一带一路"沿线国家的实际情况开展研究和培训工作，提升中国仲裁的国际化、专业化水平，建立一支在地区乃至国际上都有较强影响力的涉外律师和仲裁员队伍。

一方面，要在"一带一路"沿线国家开展多层次和全方位的宣传推广，提升我国仲裁机构的国际知名度、影响力和竞争力，使沿线国家和地区对我国仲裁机构的目的、宗旨、专业水准和综合能力有全面深刻的认识；另一方面，要使中国企业更加全面、深入地了解"一带一路"沿线国家的法律环境、仲裁制度和仲裁规则，让仲裁这一商事争议解决机制为中国企业提供专业化的服务。与此同时，我国仲裁机构还应深化与"一带一路"沿线国家仲裁机构的交流合作，共同培养国际仲裁员队伍。如上海国际仲裁中心已与美国仲裁协会、韩国商事仲裁院、日本商事仲裁协会、瑞士仲裁协会等机构签署合作协议，积极构建亚太仲裁机构交流合作机制，还有针对性地增设了金砖国家争议解决上海中心、中非联合仲裁上海中心，并谋划构建服务"一带一路"的国际化平台。

(2) 司法监督支持仲裁发展

据了解，中国法院通过司法监督进一步支持仲裁发展。2015 年 6 月，最高人民法院为充分发挥人民法院审判职能作用，有效服务和保障"一带一路"建设的顺利实施，发布了《关于人民法院为"一带一路"建设提供司法服务和保障的若干意见》（法发［2015］9 号，以下简称《意见》）。《意见》指出，切实增强为"一带一路"建设提供司法服务和保障的责任感与使命感，准确把握"一带一路"建设司法服务和保障的内涵与基本要求。要积极回应"一带一路"建设中外市场主体的司法关切和需求，大力加强涉外刑事、涉外民商事、海事海商、国际商事海事仲裁司法审查和涉及自贸区相关案件的审判工作，为"一带一路"建设营造良好法治环境。要依法加强涉及沿线国家当事人的仲裁裁决司法审查工作，促进国际商事海事仲裁在"一带一路"建设中发挥重要作用。要正确理解和适用《承认及执行外国仲裁裁决公约》（以下简称《纽约公约》）。要探索司法支持贸易、投资等国际争端解决机制充分发挥作用的方法与途径，保障沿线各国双边投资保护协定、自由贸易区协定等协定义务的履行，支持"一带一路"建设相关纠纷的仲裁解决。《意见》支持发展多元化纠纷解决机制，依法及时化解涉及"一带一路"建设的相关争议争端。要充分尊重当事人根据"一带一路"沿线各国政治、法律、文化、宗教等因素作出的自愿选择，支持中外当事人通过调解、仲裁等非诉讼方式解决纠纷。

此外，最高院在发布上述《意见》的同时，还通报了 8 起人民法院为"一带一路"建设提供司法服务和保障的典型案例。分析认为，我国法院对仲裁程序和公共政策的监督，保障了仲裁裁决的正当性，增强了当事人对仲裁公平公正解决争议的信心，吸引"一带一路"沿线国家当事人选择在中国进行仲裁。

3. 中国企业要积极应诉

中国企业如"一带一路"PPP项目东道国政府发生争议后，即使无法达成调解最后需要仲裁，中国企业也切勿慌乱，也不要逃避和缺席，更不要拒收仲裁通知，而是应该积极谨慎应诉。

中国企业要合理运用确认仲裁协议无效制度，在合适时机启动该项程序。即使在仲裁裁决作出后，也要正确理解、审慎运用不予承认与执行外国仲裁裁决程序。如根据《纽约公约》❻ 第4条的规定，申请我国法院承认和执行在另一缔约国领土内作出的仲裁裁决，是由仲裁裁决的一方当事人提出的。对于当事人的申请，应由我国下列地点的中级人民法院受理：被执行人为自然人的，为其户籍所在地或者居所地；被执行人为法人的，为其主要办事机构所在地；被执行人在我国无住所、居所或者主要办事机构，但其财产在中国境内的，为其财产所在地。

4. 尽量维护与政府的关系，将负面影响降到最低

在PPP项目进入仲裁阶段后，社会资本一定要注意有关案情的信息保密，以免因仲裁而损害地方政府的形象，从而影响与地方政府的关系。虽然仲裁不可避免地影响社会资本与地方政府的关系，但社会资本应尽最大努力将这种影响降到最低，绝不能做"成不了朋友就成敌人"的不理智的事。否则，对社会资本而言，最终的结果很可能是"赢了官司，输了未来"。

很显然，如果地方政府因仲裁自身的形象受到损害，那么最直接的是影响PPP项目争议的解决效果：有的PPP项目争议本有和解的可能，因社会资本不注意信息保密甚至大肆宣传，损害了政府的形象，会导致对抗升级，和谈的最后一丝希望破灭。即使社会资本赢得争议，政府形象却受损，未来的合作机率将大大降低、继续合作的效果也将大打折扣，这也是社会资本不愿看到的结果。

5. 不能拖拖拉拉，运作要迅速

当前"一带一路"部分国家政府财政压力大、债务沉重。因此，一旦中国企业提起仲裁，一定要干脆果断，动作一定要迅速，且尽量与地方政府以和谈和调解方式解决，尽最大可能性减少投资损失。需要指出的是，在仲裁过程中，中国企业期望值不能过高、提出的要求也要符合实际。否则，时间拖得越久，不可预见因素越多（外国政府选举，出现经济危机甚至发生战争等），对社会资本越不

---

❻ 《纽约公约》指承认及执行外国仲裁裁决公约，该公约处理的是外国仲裁裁决的承认和仲裁条款的执行问题。中国政府1987年1月递交加入书，该公约1987年4月对我国生效。目前世界上已有130多个国家和地区加入了《纽约公约》，这为承认和执行外国仲裁裁决提供了保证和便利，为进一步开展国际商事仲裁活动起到了推动作用。

利。比如在和谈过程中因外国政府领导人更换导致和谈成果前功尽弃，这样的例子不在少数。

三、以我国为例：社会资本的仲裁准备

一旦社会资本与 PPP 项目所在国政府发生争议，社会资本需要做好哪些充分的准备工作，又该如何向政府提起仲裁要求呢？下面，以我国社会资本与地方政府发生争议后的仲裁解决予以说明。

1. 社会资本的仲裁准备工作

如果社会资本与地方政府发生争议，在无法达成调解的情况下，需要对地方政府提起仲裁，那么充分的准备工作必不可少，通常情况下需要收集以下几方面的证据。

(1) PPP 项目合同及其约定

市场经济下合同是维系合作各方权利义务关系的重要保障。对政府和社会资本合作即 PPP 合同也是如此。PPP 项目合同，主要是指政府和社会资本之间签订的合作合同，PPP 项目合同是其他合同产生的基础❻。PPP 项目合同的目的是在地方政府与社会资本之间合理分配项目风险，明确各自权利义务关系，保障双方能够依据合同约定主张权利和履行义务，从而确保 PPP 项目在全生命周期内顺利实施。

PPP 项目合同中，通过会有对合作发生争议后的解决机制。如上所述，PPP 项目争议解决方式主要有协调、调解、仲裁、诉讼等。实践中，多数 PPP 项目合同对争议解决的约定主要为仲裁或诉讼。如果 PPP 项目合同约定仲裁方式解决，那么就为社会资本提起仲裁提供了重要的依据。需要特别注意的是，按照我国法律规定，如果合同中约定某一争议既可以依仲裁程序解决，也可以依诉讼程序解决，则原则上属于无效的仲裁条款（除非一方当事人申请仲裁后，对方当事人未在首次开庭前提出管辖权异议，使仲裁庭取得审理该案件的管辖权）。因此，PPP 项目合同的争议解决条款最好在诉讼和仲裁中任选其一，避免出现"既可以仲裁，也可以诉讼"的约定。

---

❻ 2014 年 12 月国家发改委印发的《PPP 项目通用合同指南》第一章"总则"规定："PPP 项目合同是指政府主体和社会资本依据《中华人民共和国合同法》及其他法律法规就政府和社会资本合作项目的实施所订立的合同文件。"2014 年 12 月财政部印发的《PPP 项目合同指南》指出，"PPP 项目合同是指政府方（政府或政府授权机构）与社会资本方（社会资本或项目公司）依法就 PPP 项目合作所订立的合同。"

（2）政府授权书

按照财政部《关于印发政府和社会资本合作模式操作指南（试行）的通知》（财金〔2014〕113号），县级（含）以上地方人民政府可建立专门协调机制，主要负责项目评审、组织协调和检查督导等工作，实现简化审批流程、提高工作效率的目的。政府或其指定的有关职能部门或事业单位可作为项目实施机构，负责项目准备、采购、监管和移交等工作。国家发改委《关于开展政府和社会资本合作的指导意见》（发改投资〔2014〕2724号）要求明确实施主体。按照地方政府的相关要求，明确相应的行业管理部门、事业单位、行业运营公司或其他相关机构，作为政府授权的项目实施机构，在授权范围内负责PPP项目的前期评估论证、实施方案编制、合作伙伴选择、项目合同签订、项目组织实施以及合作期满移交等工作。实践中，作为项目实施机构的主要是地方政府财政、住建、发改、交通、环保、水务等部门。因此，项目实施机构需得到地方政府的授权才能具体操作PPP的流程。而作为社会资本，在与项目实施机构签约前，一般会要求地方政府出具授权书，明确实施机构代理签约的权限，有的授权范围还包项目的招投标等。以某PPP项目政府授权书为例。（见案例8-1、案例8-2）

【案例8-1】

政府授权书

致：（以下简称"贵司"）

兹授权某市建设投资集团有限公司、园林局、住建局、交通局与贵司开展PPP项目合作。

1. 授权某市建设投资集团有限公司的授权范围为：

（1）在某市范围内，进行项目的投资、立项、规划、设计、建设、运营、决算与贵司签署《PPP项目合同书》，并负责合同的履行，支付合同价款等。

（2）与贵司签订相应的（房屋/国有土地使用权）抵押合同。

2. 授予某市园林局、住建局、交通局的授权范围为：

在某市范围内，进行项目的立项、规划、设计、建设、运营、竣工验收、决算移交与贵公司签署《项目管理合同书》，并负责合同的履行等。

授权某市财政部门出具相应的财政履约担保函。

授权期限：自本授权签署之日起至PPP项目合同履行完毕之日止。

某市人民政府

（盖章）

年　月　日

【案例8-2】

某市人民政府

关于南水北调配套工程某地表水厂及配套管网建设BOT项目招标授权委

托书

现授予某水业集团有限公司以某市政府的名义，代理某市南水北调配套工程某地表水厂及配套管网建设 BOT 项目的招标活动。该授权委托人在选择招标代理公司、招标公告发布及合同谈判、开标、评标过程中所签署的一切文件和处理与此有关的一切事务，某市政府均以承认。

本授权委托书自签字盖章之日起至 BOT 招标合同履行完毕止。

特此委托。

委托人（盖章）

年　月　日

2. 地方人民代表大会通过的财政预算

PPP 项目回报机制主要有三种：一种是使用者付费（如供水、供电、供气、供暖等经营性项目），一种是"政府付费＋可行性缺口补贴"（如污水处理、垃圾处理、城市停车场建设等准经营性项目），还有一种是政府完全付费项目（如河道治理、公园、图书馆等非经营性项目）。通常情况下，如果 PPP 项目涉及后二者，即"政府付费＋可行性缺口补贴"和"政府完全付费"，则付费需要列入政府财政预算，需要报人民代表大会批准，社会资本可要求实施机构提供项目立项和人民代表大会批准列入政府财政预算的文件。这也是在 PPP 项目发生争议后，社会资本提交仲裁的重要依据。以某立体停车库 PPP 项目为例。（见案例 8-3）

【案例 8-3】

某立体停车库 PPP 项目（以下简称"本项目"）位于华北某县，项目总占地面积 6500m²，总投资约 2000 万元。包括新建立体停车库 2 座，立体停车位 360 多个以及配套用房、电动汽车充电桩等。本项目为城市交通基础设施建设工程，采用 PPP 模式进行操作，运营期间拟采用"政府付费＋可行性缺口补贴"的回报机制。本项目建设期为 1 年，特许经营期限为 25 年。根据某县停车收费标准，经测算本项目年营业收入为 68 万元，需政府每年补贴 235 万元，投资回收期为 11 年，本项目运营期内净收益约 1800 万元，年均约 78 万元。上述政府财政支出纳入政府中长期财政预算，并提请人民代表大会审议通过。

再以某污水处理 PPP 项目为例。（见案例 8-4）

【案例 8-4】

某污水处理 PPP 项目（以下简称"本项目"）位于某市开发区，工程预计总投资达 8 亿元，主要建设内容为污水厂处理设施、中水回用设施以及配套污水收集管网 100 余公里。工程一期规模 8 万 m³/d，其中中水回用规模为 5 万 m³/d；远期 2020 年扩建至 10 万 m³/d。

经过充分竞争，某市政府选择与社会资本某水务集团以 BOT 模式合作，合作期限 26 年（包括一年建设期），某水务集团以"污水处理费收取＋政府补贴"的模式实现投资回报。具体由代表某市政府的实施机构与某水务集团签订 PPP 合同，其中，在"合同的应用"一章约定，当以下先决条件满足时，双方开始履行本合同项下义务：一是融资交割完成；二是甲方（代表市政府的实施机构）付款条件获得某市人大决议通过；三是依法清产核资、产权界定、资产评估、产权登记，并获本市人民政府相关部门批准；四是按约定交割完资产与资金，须担保、质押等文件依适用法律获得批准；五是已经取得依法应当取得的其他批准文件。

3. 政府的招投标程序

根据 PPP 相关法规政策，社会资本的选择需要走招投标程序。财政部《关于印发政府和社会资本合作模式操作指南（试行）的通知》（财金〔2014〕113 号）规定，在采购方式的选择上，项目采购应根据《中华人民共和国政府采购法》及相关规章制度执行，采购方式包括公开招标、竞争性谈判、邀请招标、竞争性磋商和单一来源采购。项目实施机构应根据项目采购需求特点，依法选择适当采购方式。国家发改委《关于开展政府和社会资本合作的指导意见》（发改投资〔2014〕2724 号）规定，实施方案审查通过后，配合行业管理部门、项目实施机构，按照《招标投标法》、《政府采购法》等法律法规，通过公开招标、邀请招标、竞争性谈判等多种方式，公平择优选择具有相应管理经验、专业能力、融资实力以及信用状况良好的社会资本作为合作伙伴。因此，社会资本可收集招投标程序的相关证据，从而证明项目来源于地方政府。以海南省某污水处理厂及配套管网工程 PPP 项目为例。（见案例 8-5）

【案例 8-5】

海南省某污水处理厂及配套管网工程 PPP 项目—竞争性磋商公告（节选）

某咨询公司受海南省某县水务局委托，对海南省某县某镇污水处理厂及配套管网工程 PPP 项目进行竞争性磋商，现邀请国内合格的供应或制造商来参加密封投标。

1. 招标编号：略

2. 招标项目及范围：海南省某县某镇污水处理厂及配套管网工程 PPP 项目

2.1 项目范围及建设内容

社会资本出资组建项目公司实施海南省某县某镇污水处理厂及配套管网工程 PPP 项目的融资、投资、建设、运营和移交。PPP 项目建设内容为海南省某县某镇污水处理厂及配套管网工程的建设及运营维护，包括新建一座污水处理厂，建设规模为近期（2021 年）为 6000m³/d，远期（2031 年）规模为 1.2 万 m³/d，

配套建设污水 $DN200 \sim DN800$ 污水收集管道总长 24032m。

2.2 项目投资规模：项目总投资约为 10800 万元，其中污水处理厂总投资为 3800 万元（其中：建设投资 3700 万元，建设期利息 100 万元），配套管网工程总投资为 7000 万元（其中建设投资 6850 万元，建设期利息 150 万元）。本项目总投资不包含远期增加的构筑物及相应设备的费用。

2.3 项目合作期限：污水处理厂合作期共 30 年，其中建设期 1 年，运营期 29 年；配套管网工程合作期共 11 年，其中建设期 1 年，运营期 10 年。

注：项目的具体情况以竞争性磋商文件为准。

3. 供应商资格要求

3.1 已报名参加本项目资格预审且通过资格预审的社会资本。

3.2 投标时必须提交以上相关证明资料。

3.3 本项目不接受未参与资格预审的其他社会资本参与竞争。

注：已报名参加资格预审且通过资格预审的社会资本方可购买招标竞争性磋商文件；如申请人为联合体的，允许联合体牵头方购买招标文件。

4. 招标文件的获取

4.1 发售标书时间：略

4.2 发售标书地点：略

4.3 标书售价：招标文件每套售价 150.0 元；投标保证金的金额：500000 元。

4.4 投标人提问截止时间：略

5. 投标文件和保证金的递交

5.1 投标文件递交截止时间：略

5.2 投标文件递交地址（地点）：略

5.3 开标时间：报名成功后于系统的项目信息中查看。

5.4 开标地点：报名成功后于系统的项目信息中查看。

5.5 保证金到账截止日期：略，投标保证金的形式：网上支付，保函方式支付，支付地址为：略

5.6 公告发布媒介：中国政府采购网、中国海南政府采购网、海南省人民政府政务服务中心网。

6. 其他（略）

某工程咨询公司
年 月 日

4. 其他证明材料

除了上述各项文本和材料外，与政府达成 PPP 合作的社会资本平时还应留意与政府交往的各类材料，如政府向社会资本出具的承诺函（通常是承诺对社会资本的付款义务）、项目结算审核（如政府下属的财政部门向社会资本出具的付款凭证、财政部门与社会资本的结算审核凭据）等。此外，政府付费类的 PPP 项目，常见的情况是由于经济发展、政府换届等因素政府没有及时付费甚至停止付费，社会资本会向地方政府催款，政府通常会出具承诺何时付费或者欠款的文件，这些都将有力证明政府是真正的合同主体。

四、积极构建与"一带一路"相适应的仲裁机制

对"一带一路"PPP 项目，政府与社会资本双方可以自由约定将争议提交诉讼或仲裁解决。鉴于法院容易受到地方保护主义影响，建议社会资本方尽可能争取在合同中约定通过仲裁方式解决争议。那么，如何构建与"一带一路"相适应的仲裁机制？

1. PPP 合同可约定由社会资本方母国或国际仲裁

研究发现，由于 PPP 项目具有属地性，因此，多数的 PPP 合同都选择项目所在地作为仲裁地，并选择项目所在地的仲裁机构作为项目争议解决机构。对"一带一路"PPP 项目而言，这有利于 PPP 项目的政府方，外方社会资本处于不利地位。

因此，为避免地方保护主义的影响，保证项目争议的公平公正，提高社会资本参与"一带一路"PPP 项目的积极性，外方社会资本可以要求在 PPP 项目主体合同（即外方社会资本与 PPP 项目东道国政府）中约定在社会资本方母国或国际仲裁。

专家分析认为，仲裁庭获得管辖权的依据主要有三类：一类是东道国政府与投资企业签订的投资合同中约定仲裁条款；二是东道国与投资方母国签订的包含仲裁条款的双边投资协定❼；三是东道国和投资方母国参加的《关于解决国家与他国国民之间投资争端公约》（即《华盛顿公约》）等包含仲裁程序的国际公约。

---

❼ 双边投资协定有利于解决投资者与东道国政府之间的 PPP 项目争端。以我国为例，我国早在 1990 年就签署了《华盛顿公约》，并于 1993 年批准该公约。专家建议认为，中国企业应选择那些与中国签订了包含仲裁条款的双边投资协定或《华盛顿公约》的成员国进行合作，并在拟启动投资仲裁程序之前，调查东道国法律对投资仲裁裁决的承认与执行政策，以及东道国政府在他国的财产情况，以便全面评估启动投资仲裁程序的可行性和实际效果

需要重点指出的是，虽然各个国家享有"国家主权豁免"的权利，但在经济全球化、各国竞相吸引外资发展本国经济的大背景下，为从最大程度上吸收外商投资、提高外资的积极性，世界上越来越多的国家在商业活动中有限度地放弃这项权利，同意接受仲裁管辖，即逐渐放弃本国法院制度，改为支持通过中立第三方仲裁解决争议。目前，双边投资协定和自由贸易协定均已作出授权，投资者可以将其与东道国的争议提交国际仲裁。很明显，异地仲裁或国际仲裁对投资"一带一路" PPP 项目的社会资本来说，既是对其切身利益的保障，也大大提高了投资沿线 PPP 项目的积极性。

2. 争议期间的合同履行

PPP 项目大都属于基础设施和公共服务领域，如供水、供电、供气、供暖、污水处理、垃圾处理、教育、养老、医疗等。鉴于 PPP 项目涉及公共安全和公共利益，需要保障项目的持续稳定运营，因此通常会在争议解决条款中明确规定在发生争议期间，合作各方对于合同无争议部分应当继续履行。如国家发改委发布的《政府和社会资本合作项目通用合同指南》（2014 年版）规定，诉讼或仲裁期间项目各方对合同无争议的部分应继续履行；除法律规定或另有约定外，任何一方不得以发生争议为由，停止项目运营服务、停止项目运营支持服务或采取其他影响公共利益的措施。

3. 社会资本申请执行东道国政府财产的方式

对与外国政府合作的社会资本而言，有一个现实的疑问是：在因 PPP 项目提交仲裁或诉讼且仲裁庭作出仲裁裁决或法院作出判决后，社会资本能否向法院申请执行东道国政府财产？实践中，外方社会资本在与东道国政府仲裁或诉讼后，往往面临执行难的窘境。换句话说，外方社会资本即使赢了仲裁或诉讼，往往陷入执行难。事实上，国际上投资领域的执行非常困难，《华盛顿公约》对裁决的执行完全是自律性的，败诉东道国是否执行裁决主要取决于其意愿以及国际社会的压力。

对此，专家分析认为，社会资本实现仲裁裁决或法院判决的方式主要有三种：一是 PPP 项目东道国政府自动履行法院判决或仲裁裁决；二是外方社会资本向 PPP 项目东道国法院申请执行本国法院判决或仲裁裁决；三是外方社会资本向 PPP 项目东道国政府财产所在地的他国法院申请执行仲裁裁决。进一步而言，上述第一种方式取决于东道国的意志，即东道国政府愿意自动履行法院判决或仲裁裁决，这种方式对外方社会资本最为有利，可以帮其省掉大量的维权成本（包括资金成本和时间成本）。第二种方式受东道国国内法律管辖，如果东道国国内法律规定外国投资者可以向本国法院申请执行本国法院判决或仲裁裁决，则社会资本维权路径较为便利，反之则维权困难。第三种方式比较前两种方式更为复杂，首先他国法院面临的问题是东道国政府是否享有管辖豁免？如果东道国政府坚持豁免原则，那么意味着他国法院对其财产没有司法管辖权，结果是外方社会资本只取得名义上的“胜利”。即使东道国是《华盛顿公约》的缔约国，外方社会资本也面临执行难。因为根据《华盛顿公约》第 54 条规定：“每一缔约国应承认依照本公约作出的裁决具有约束力，并在其领土内履行该裁决所加的财政义务，正如该裁决是该国法院的最后判决一样”。第 55 条规定：“第 54 条的规定不得解释为背离任何缔约国现行的关于该国或任何外国执行豁免的法律”。根据上述规定，当东道国政府与外国投资者签订仲裁协议、接受解决投资争端国际中心仲裁时，该国政府即放弃了管辖豁免，但并未放弃执行豁免。因此，对投资“一带一路”PPP 项目的广大社会资本而言，在做项目尽职调查时，一定要充分了解 PPP 项目所在国的法律制度，包括其是否为《华盛顿》公约等相关国际公约的缔约国，是否对国际仲裁裁决的执行力设置了诸多限制导致未来社会资本执行难等。

当然，除了协商、调解、仲裁和诉诸等争议解决方式外，外交保护也是一种解决投资争端的方式。通过政治途径解决投资争端，手段通常包括谈判磋商、调停、调解、外交保护等。不过，外交方式大多基于政治因素考量，不具备法律上的保障。

4. “一带一路”PPP 项目争议解决案例

【案例 8-6】

D 项目位于“一带一路”沿线中东地区的 E 国。经过前期商谈，PPP 项目公司取得了 E 国地方政府交通运输类 PPP 项目的特许经营权，经营期限为 50 年[71]；经营方式为 BOT（建设—经营—转让）；经营性质为经营性项目；付费机制为使用者付费。

关于 PPP 项目争议解决机制为：

（1）PPP 合同争议解决机制

根据 D 项目 PPP 合同：合同及附件项下争议按照 ICC[72] 巴黎仲裁庭现行有效的仲裁规则进行仲裁，仲裁地在 D 国首都 C 市，仲裁机构为 C 市地区国际商

---

[71]　有关我国 PPP 项目期限问题，财政部文件规定，政府和社会资本合作期限原则上不低于 10 年，“运用 BOT、TOT、ROT 模式的政府和社会资本合作项目的合同期限一般为 20～30 年。”国家发改委文件规定，“基础设施和公用事业特许经营期限应当根据行业特点、所提供公共产品或服务需求、项目生命周期、投资回收期等综合因素确定，最长不超过 30 年。”通常情况下，我国 PPP 项目期限为 10～30 年。

[72]　ICC 国际商会（The International Chamber of Commerce, ICC）成立于 1919 年，发展至今已拥有来自 130 多个国家的成员公司和协会，是全球唯一的代表所有企业的权威组织。

事仲裁中心。仲裁庭由 3 名仲裁员组成，仲裁语言为阿拉伯语。仲裁实行一裁终裁制，仲裁执行地在 D 国，按照 D 国仲裁法执行。同时，本条特别约定，D 项目政府方不享有司法豁免权。

（2）股东协议争议解决机制

根据 D 项目股东协议：合同及附件项下争议按照 ICC 巴黎仲裁庭现行有效的仲裁规则进行仲裁。除各方另有约定外，仲裁地在 D 国首都 C 市，仲裁机构为 C 市地区国际商事仲裁中心。仲裁语言为英语，仲裁庭由 3 人组成，首席仲裁员不能与仲裁任何一方同属一个国籍，按照 D 国仲裁法执行。

第九章　发展"一带一路"PPP建议

从大的方面来说，"一带一路"沿线国家政治经济体制不同；从小的方面来讲，沿线国家法律法规、文化风俗、项目标准存在较大差异。因此，如何协调沿线不同的机制与制度，秉承共商、共建、共享的原则，实现互利共赢，考验着"一带一路"沿线各国的智慧。

一、PPP 模式在国际上的应用

1. 英国是现代 PPP 模式的鼻祖

PPP 起源于 17 世纪的英国，距今已有三百多年的历史。20 世纪 90 年代初，英国政府推出私人主动融资 PFI（Private Finance Initiative）模式，标志着现代 PPP 模式的诞生。PFI 模式主要是解决英国当时的城市公共管理的效率问题，英国利用这种模式建设和运营地铁、桥梁、机场、电厂、水厂，甚至包括医院和监狱等。1992～1997 年，英国 PFI 项目总额约 70 亿英镑，单英法海峡隧道项目就占据 35 亿英镑[73]。1987～2012 年，英国一共批准 730 个 PPP 项目，运营金额达540 亿英镑。

近年来，英国在教育、环保、交通等诸多领域大力推广 PPP 融资模式，建立起了一套完善的 PPP 管理和评价制度。目前，英国是全球 PPP 项目规模最大、涉及领域最广的国家，其 PPP 项目的数量和规模约占全球的三分之一，典型的 PPP 项目如全球知名的希斯罗机场：1985 年，英国政府决定对希斯罗机场实行 PPP 模式运营，机场由独立于政府之外的英国机场监管机构——航空管理委员会（CAA）监管。在平衡机场和航空公司等各方利益的基础上，CAA 每 5 年根据机场的盈利水平重新制定机场的收入。通过对希斯罗机场按照 PPP 模式改造，既提高了机场运营效率，又盘活了政府存量资产。

---

[73] 英法海峡隧道是一条英国通往法国的铁路隧道，位于英国多佛港与法国加来港之间。隧道由三条长 51km 的平行隧洞组成，总长度 153km，其中海底段的隧洞长度为 3×38km，是世界第三长的海底隧道及海底段世界最长的铁路隧道。项目历时 8 年多，是当时世界上规模最大的利用私人资本建造的工程项目。

2. 全球 PPP 模式欧美领跑

20 世纪 90 年代起，全球 PPP 模式取得长足发展，主要是欧美、日本等地对 PPP 进行了成功的探索和实践，并在基础设施和公共管理领域产生了相当多成功案例。2012 年初，英国资深 PPP 咨询机构"PPP 快讯国际"和"合作伙伴快讯"就全球 PPP 市场趋势对 67 家全球性 PPP 公司首席执行官进行了市场调查，并结合德勤在美国、英国、加拿大、澳大利亚、南美洲、印度分部的多名 PPP 专家观点，完成了《2012 年全球 PPP 市场概况》报告。调查结果表明，发达国家是当前主要的 PPP 市场，主要原因在于发达国家市场经济成熟，政治承诺和法律环境稳定，且项目库更为丰富、质量更高，流程更透明等。

在全球范围内，英国、德国等欧洲国家的 PPP 市场最为发达，其规模和管理水平都位居全球前列。依据世界银行的统计，PPP 模式主要应用在能源、电力、交通以及水处理等行业。从总量上看，依据全球 PPP 研究机构 PWF 的统计，从 1985～2011 年，全球基础设施 PPP 名义价值为 7751 亿美元，其中欧洲大约占 45.6%，远超世界其他国家和地区，几乎占据全球半壁江山。亚洲和澳大利亚占 24.2%；墨西哥、美洲和加勒比海地区三者合计占 11.4%；美国和加拿大分别占 8.8%、5.8%；非洲和中东地区占 4.1%。

除英国外，德国政府也探索出一套成熟的 PPP 模式。以其智慧城市❼❹建设为例，德国一般会选择 PPP 模式：一种是政府提出长远宏观目标，并通过财政补贴的方式引导企业进行相关研究，并最终选出合适的合作者；另一种是德国大型企业为推销本公司某种产品或服务，在全国范围内选择一个或几个城市进行试点，符合条件或对项目感兴趣的城市会积极参加这些企业开展的试点竞赛。

美国的 PPP 发展同样毫不逊色。美国最著名的四大职业联赛俱乐部❼❺所拥有的 82 个体育场馆中 31% 都是采取 PPP 模式兴建的。自 20 世纪 90 年代以来，日本在经济低迷、税收锐减、政府财政困难和公共服务品质下降等背景下开始引入 PPP 模式。虽然日本发展 PPP 起步较晚，但发展迅速，已经取得了良好的经济效益和社会效益，成为日本基础设施建设的重要力量。

---

❼❹　智慧城市就是运用信息和通信技术手段感测、分析、整合城市运行核心系统的各项关键信息，从而对包括民生、环保、公共安全、城市服务、工商业活动在内的各种需求做出智能响应。其实质是利用先进的信息技术，实现城市智慧式管理和运行，进而为城市中的人创造更美好的生活，促进城市的和谐、可持续成长。

❼❺　四大职业联赛俱乐部即 NFL（National Football League，国家橄榄球联盟）、MLB（Major League Baseball，美国职业棒球大联盟）、NBA（National Basketball Association，美国篮球职业联赛）和 NHL（National Hockey League，国家冰球联盟）。

3. "一带一路"沿线国家发展 PPP 参差不齐

研究发现，相比欧美、日本等 PPP 模式发展的国家，"一带一路"沿线 60 多个国家发展 PPP 参差不齐：沿线既有位中东欧地区 PPP 模式较为成熟的国家，也有西亚、南亚等 PPP 模式较为落后的地区。但是南亚的印度在 PPP 模式发展方面市场成熟度高，运作规范。我国从 2014 年下半年开始从中央到地方大力推广 PPP 模式，无论是顶层设计还是取得的成果都较为显著，但总体上仍处于起步阶段，与 PPP 模式发达国家相比差距较为明显。即使与同类型发展中国家相比，我国也存在一定的差距。根据世界银行数据，截至 2013 年，中国 PPP 累计规模约为 1278 亿美元，而巴西和印度该数值分别为 2707 亿美元和 3274 亿美元。2013 年中国、巴西和印度的 GDP 分别为 9.49 万亿美元、2.39 万亿美元、1.86 万亿美元，中国新增 PPP 规模占 GDP 比例仅为巴西的 5.6%、印度的 9.9%。

二、PPP 模式的国际经验

海外尤其是发达国家在 PPP 模式方面到底积累了哪些成功的经验？研究这些成功的经验无疑对其他国家推广 PPP 大有裨益。

1. 完善的法律政策体系是推广 PPP 的前提和保障

清晰、完整的 PPP 法规政策是推广 PPP 的前提和保障。发达国家经济法规健全、政策透明度高，也有着成熟的 PPP 法规政策体系。目前，全球已经有不少国家对 PPP 模式进行了专门立法，比如欧洲的英国和法国、美国的 18 个州、亚洲的日本和韩国以及南美洲的巴西和阿根廷等都在 PPP 立法方面进行了成功的探索和实践。以澳大利亚为例，作为英美法系国家，经过长期的发展，澳大利亚在推广 PPP 方面建立了完整和有效的成文法保障体系，而不是仅仅限于通过案例法来规制。

与 PPP 法律法规成熟的欧美国家相比，我国 PPP 在快速发展的同时，面临着法律法规不统一的问题。因此，应尽早出台权威的 PPP 法律，积极推动 PPP 系统化立法，解决目前严重制约 PPP 模式推广的瓶颈。

2. 完善的 PPP 发展和管理体系

英国、澳大利亚、美国等发达国家 PPP 模式和管理水平处于领先地位。不过，各国 PPP 中心的设置机构并不相同：从国家层面看，英国、澳大利亚、南非等国将 PPP 中心设立于财政部；从地方层面看，英国、澳大利亚、巴西等许多国家均设立了地方 PPP 中心。据了解，海外运行 PPP 较为成功的国家，其 PPP 中心多设于财政部，主要上因为这有助于将 PPP 与其他财政支出、政府债务统筹管理。

（1）成立专门 PPP 管理机构

为推广运用 PPP 模式，英国政府成立了专门的 PPP 管理机构，并随着形势变化主要进行了 4 次变革：1992 年，在财政部下设 PPP 工作组，主要负责 PPP 相关政策研究制定工作；1997 年，成立特别任务组，进一步加强 PPP 项目管理和交付；2000 年，英国政府牵头成立英国伙伴关系组织，主要从事 PPP 项目管理咨询等业务，协助公共部门和私营部门做好 PPP 项目，为政府公共部门与私人部门搭建合作平台❼；2010 年，在财政部下成立了英国基础设施投资局（IUK），负责制定英国基础设施领域的政策制定，并为项目融资和交付管理提供服务等。

20 世纪 80 年代，澳大利亚在基础设施领域应用 PPP 模式。2000 年以来，澳大利亚政府修订和制定了与 PPP 相关的法律，PPP 项目推广迅速。2000 年，澳大利亚维多利亚州建立了地方性的 PPP 单位。2008 年，澳大利亚创立全国层次的 PPP 单位，面向基础设施领域，负责全国各级政府的基础设施建设需求和政策的制定。澳大利亚还成立了全国性的基础设施 PPP 管理部门，负责统计全国各级政府基础设施建设需求并出台指引政策❼。2003 年以来，美国有 7 个州建立了 PPP 单位，主要功能是制定政策和业务咨询，促进美国 PPP 的发展。美国一些学者建议尽快成立联邦一级的 PPP 单位，提高美国 PPP 的应用和发展能力。

目前，我国推广 PPP 主要由财政部和国家发改委等部委负责。不过，财政部和发改委之间存在较大的权责重叠，对此，我国应该借鉴欧美发达国家的经验，成立专门的 PPP 管理机构。

（2）确立科学完善的 PPP 评价制度

2004 年，英国财政部公布了《资金价值评估指南》、《定量评价用户指南》。《资金价值评估指南》是在公共与私营部门广泛和深入讨论之后，财政部设计了项目资金价值最大化的程序框架，并作为推动公共部门成本比较的重要方法；

---

❼ 英国政府还把合作伙伴关系组织与财政部的 PPP 政策小组合并，创立了"英国基础设施投资局"（IUK）。IUK 是作为英国财政部的基础设施融资机构，为中央政府部委以及其他公共实体提供各领域 PPP 的技术援助，负责执行全国的基础设施发展战略，为社会资本投资于基础设施部门，提供各种便利。在地方政府，2009 年英财政部与地方政府协会联合成立了一个 PPP 单位，即"地方合作伙伴关系"，主要为地方政府提供 PPP 项目技术援助和评估服务。

❼ 2015 年该部更新了 2008 年推出的澳大利亚全国的 PPP 政策框架，详细介绍了 PPP 项目的实施政策，包括 PPP 项目集中采购方法、投资者指南、政府操作指南、社会性和经济性基础设施的商业原则、财务计算方法等。各级政府在此基础上制定了本地的框架指南，对 PPP 项目做了各自详细的规定。

《定量评价用户指南》为政府部门提供了一个数量分析工具，帮助政府部门通过对项目资金价值的评价，做出相关决策。其中，资金价值评价方法（VFM）通过比较不同方案下的潜在收益，选择能够提供最大资金价值方案。所谓 VFM，是 Value for Money 的简称，即物有所值评价。物有所值评价是国际上普遍采用的一种评价，传统上由政府提供的公共产品和服务是否可运用政府和社会资本合作模式的评估体系，旨在实现公共资源配置利用效率最优化。

澳大利亚也确定 PPP 项目准入的核心标准是"物有所值"原则，即考察 PPP 模式是否比传统模式好，是否能够实现物有所值原则：经济性上成本最低，效率上产出最大，效果上比传统投融资模式要好。

（3）PPP 项目的价格调整机制

为保证 PPP 项目社会资本方获得合理回报并避免过高回报（即"盈利不暴利"），真正实现项目的"物有所值"，英国 PPP 模式对 PPP 项目价格提出了 2 种调整机制：一是基准设定，每年进行一次，私人资本将项目成本与市场上提供类似服务的成本进行比较，然后结合实际情况进行调整，从而规避社会资本提供的服务价格畸高或畸低，满足政府、社会资本、社会公众各方的诉求；二是市场测试，每五年进行一次，使 PPP 项目真正实现"物有所值"。

3. 政府大力支持

在 PPP 模式下，作为政府一方，主要是政府相关部门或者政府授权的机构。实践中，主要是地方政府财政部门、环保部门、住建部门等。政府的角色具有多样化的特点：项目是否适合 PPP 模式的决定者、交易规则的制定者和公共服务的监管者，等等。因此，政府的大力支持对发展 PPP 十分重要。

以英国为例，在融资支持方面，英国政府采取多种措施为 PPP 项目提供融资支持：一是成立养老金投资平台；二是成立保险公司基础设施投资论坛，为英国保险协会成员提供专门途径，增加保险基金的投资机会；三是吸引鼓励外资参与基础设施建设，英国基础设施投资局与英国贸易投资署合作吸引外资；四是提出担保计划，为基础设施投资提供担保[78]；五是提出临时合作贷款，该贷款项目是英国担保计划的一部分，主要帮助 PPP 项目，由政府联合私营部门按商业条件对项目进行贷款；六是鼓励利用英国绿色投资银行[79]、欧洲投资银行、欧盟 2020 项目债券计划为基础设施建设提供资金。

---

[78] 2012 年，英国通过《基础设施（金融支持）法案》，在 2016 年 12 月 31 日前，对符合具有国家重要意义、1 年内可以开工等标准的项目，由政府提供还款担保，担保规模不超过 400 亿英镑。

[79] 英国绿色投资银行是由英国政府设立的唯一一家政策性银行，成立于 2010 年，政府提供 40 亿英镑作为资本，为海上风电、废物处理等绿色项目提供债权和股权融资。通过各种有力的融资支持手段，英国的 PPP 获得了长足的发展。

4. 科学的激励约束机制

对于 PPP，我国财政部 2014 年给出的定义是政府与社会资本为提供公共产品或服务而建立的全过程合作关系，以授予特许经营权为基础，以利益共享和风险分担为特征，通过引入市场竞争和激励约束机制，发挥双方优势，提高公共产品或服务的质量和供给效率。

英国财政部曾对运行的 500 多个 PPP 项目进行调查。数据显示，当项目提供的服务不能满足合同要求的标准而受到支付削减的惩罚后，几乎所有受惩罚的项目随后提供的服务都达到了合同要求，72%的受惩罚项目甚至在受罚后，提供比合同要求更好的服务。

澳大利亚政府强调 PPP 项目全流程的绩效监管体系，通过产出和结果的绩效评估要求，促使社会资本确保所提供的产品或服务的质量并提高效率。社会资本负责项目质量管理，制定管理计划，搜集监管数据，编写监管报告；政府部门负责对项目质量管理的审查，制定技术标准，审查社会资本的管理计划和监管报告，审计财务，实施评估和奖惩；第三方负责独立审计，数据搜集和争议处理⑧。

5. 专业的 PPP 人才队伍

在一些 PPP 比较发达的国家，对基础设施和公共服务领域的研究相当重视，而且拥有丰富的研究成果和一大批有影响的智库机构和学者。2009 年，欧盟整合欧洲投资银行、欧盟委员会以及欧盟成员国和候选国的力量，成立了欧洲 PPP 专家中心（European PPP Expertise Centre，简称 EPEC）。EPEC 拥有 37 个成员，汇集了欧洲 PPP 领域的高级专家，致力于分享 PPP 领域的经验，应对新挑战，为欧盟公共部门运用 PPP 提供技术援助。日本有着比较系统的 PPP 机构，如 PPP 推进委员会、PPP 协会、东洋大学 PPP 研究中心、亚洲 PPP 政策研究会、地方自治体公私合作研究会，等等，这些机构和组织对政府发展 PPP 提供政策建议，有力地促进了本国和区域 PPP 的发展。

三、发展"一带一路"PPP 的建议

面对全球经济增长乏力的局面，越来越多的国家将基础设施建设作为拉动经

---

⑧ 澳大利亚 PPP 项目全流程的绩效监管体系中，第三方监督评估作用重要。通过政府、社会资本、独立第三方共同发挥作用的产出和结果的绩效评估，确保社会资本所提供产品或服务的质量、效率。政府监管重点是制定技术标准，检查产品或服务的质量，审查社会资本的监管报告和财务等。第三方重点是客观公正地负责独立审计，搜集数据和处理争议。

济增长的主要方式，PPP 模式应用也越来越广泛。"一带一路"沿线国家也不例外，近年来，受世界经济大环境的影响，沿线国家经济增长放缓，需要通过建设基础建设和公共服务项目拉动本国经济增长。不过，由于政府财政能力有限，各国政府采用 PPP 模式引入国内外优质社会资本参与本国基础设施建设。

那么，应该怎样更好地发展"一带一路"PPP 呢?

1. "一带一路"PPP 模式的独特之处

"一带一路"里的 PPP 项目有其自身明显的特点：一方面，"一带一路"PPP 模式下，通常情况是一方合作主体是一国政府，另一方合作主体是外资社会资本或外资社会资本与项目所在国的社会资本组成的联合体。如中亚某国一条高速公路 PPP 项目，中国企业参与投资，那么合作主体便分属于不同的国家和地区，即一方合作主体是中亚某国政府，另一方合作主体为中国企业。一方面，支持社会资本的资金提供者与社会资本不一定同属一个国家和地区，更多情况下是来自亚洲基础设施投资银行、丝路基金、金砖国家新开发银行的资金支持；另一方面，社会资本不一定来自一个国家，许多项目是不同经济体的政府和社会资本形成的合作伙伴关系。

2. 多种方式提高国际和国内私人资本投资"一带一路"PPP 项目的积极性

作为"一带一路"建设的主导者，沿线国家政府和相关国际机构要充分发挥亚洲基础设施投资银行、丝路基金、金砖国家新开发银行、上合组织开发银行等金融机构的先导作用，精心设计具有稳定现金流和盈利性的 PPP 项目，政府与私人资本之间科学分担风险，提高国际和国内私人资本参与"一带一路"PPP项目投资、建设和运营的积极性。

无论是从国内还是国际来看，吸引私人资本参与所在地区（所在国）基础设施建设和提供公共服务都是政府的重要目的。因此，对"一带一路"沿线国家和地区而言，为了提高 PPP 项目对于私人资本的吸引力，必须大胆进行金融创新：一方面，要大力实施跨境基础设施资产证券化，以跨境基础设施 PPP 项目收益尤其是高速公路、高铁、污水处理、垃圾处理等现金流稳定的 PPP 项目作为基础资产发行债券融资，以提高 PPP 项目资产的流动性，为国际私人资本提供一条退出通道，提高国际私人资本的积极性；另一方面，还要建立"一带一路"跨境基础设施证券交易所，目的是为国际私人资本参与"一带一路"跨境基础设施投资提供平台。

3. 提高"一带一路"沿线国家的国际协调能力

"一带一路"倡议构想主要着力点是包括公路、铁路、机场等在内的基础设施。这些基础设施的互联互通既对接沿线各国发展战略,也实现了区域联动发展和共同繁荣。亚洲开发银行的研究报告认为,要实现亚洲地区的基础设施互联互通,首要任务是完善和整合现有的次区域发展计划。其中,要共建跨越多国的基础设施项目就需要各方在经贸合作、投资洽谈、项目设计、行业标准等方面达成共识,要求各国具备较强的协调沟通能力,需要构建有效的多边协调机构和透明的区域联合监管框架。

(1)沿线国家沟通合作

习近平主席在 2017 年 5 月举行的 "一带一路" 国际合作高峰论坛开幕式上指出,要建立稳定、可持续、风险可控的金融保障体系,创新投资和融资模式,推广政府和社会资本合作。高峰论坛期间,国家发展改革与联合国欧洲经济委员会就 "一带一路" PPP 合作签署了《谅解备忘录》,就帮助 "一带一路" 沿线的联合国欧洲经济委员会成员国建立健全 PPP 法律制度和框架体系、筛选 PPP 项目典型案例、建立 "一带一路" PPP 国际专家库、建立 "一带一路" PPP 对话机制等 4 个方面做了具体约定。

(2)建立 PPP 项目库

为实现跨区域合作,"一带一路" 沿线各个国家和地区需要制定详细的基础设施投资计划或重点项目清单,建立 PPP 项目库,其目的是为实现 "一带一路" PPP 项目的可持续发展。

以我国为例,自 2013 年以来,从中央到地方大力推广 PPP 模式,国家相关部委、各地方政府在纷纷出台促进 PPP 发展的政策法规的同时,还加强了 PPP 项目库和示范项目的建设。国家财政部和发改委均是重要的 PPP 推广部门,目前两部门都已经建立了自己的 PPP 项目库或示范项目名单,而部分地方政府也建立了自己的 PPP 项目库。如为更好地对全国 PPP 项目进行全生命周期[81]监管,建立统一、规范、透明的 PPP 大市场,国家财政部于 2015 年 3 月组织搭建了全国 PPP 综合信息平台,对 2013 年以来全国所有 PPP 项目实现线上监管、动态数据分析、案例分享等。而为规范地推广运用 PPP 模式,形成一批可复制、可推广的 PPP 项目范例,发挥引导示范效应,为后续 PPP 项目实施提供指导和参考,是财政部推进 PPP 工作的主要思路和重要抓手。目前,财政部已经成功公布了三批 PPP 示范项目[82]。除国家财政部外,国家发改委也建立了 PPP 项目库,并先后向社会公布了两批次 PPP 推介项目。2015 年 5 月,国家发改委公开发布

---

[81] 全生命周期(Whole Life Cycle),是指项目从设计、融资、建造、运营、维护至终止移交的完整周期。

[82] 2014 年 12 月,财政部公布了第一批 PPP 示范项目 30 个,总投资规模约 1800 亿元。2015 年 9 月,财政部公布了 206 个项目作为第二批 PPP 示范项目,总投资金额 6589 亿元。2016 年 10 月,财政部公布了 516 个项目作为第三批 PPP 示范项目,计划总投资金额 11708 亿元。

了 1043 个 PPP 项目，总投资约为 1.97 万亿元。2015 年 12 月，国家发改委公布了第二批 PPP 推介项目共计 1488 个，总投资约 2.26 亿元。

此外，2017 年 3 月，国家发展改革委印发了《关于请报送"一带一路"PPP 项目典型案例的通知》，征集我国 2013 年以来促进"一带一路"沿线国家经济发展、社会进步、民生改善的基础设施和公共事业 PPP 项目。截至 2017 年 5 月，国家发改委共收到来自央企和地方申报的项目 44 个。通过对这些"一带一路"PPP 项目的深度研究、总结分析、归纳整理，既是对此前我国企业投资"一带一路"PPP 项目的经验总结，也为未来我国企业更好地投资沿线国家 PPP 项目、更好地与沿线国家政府和企业开展合作奠定了坚实的基础。

4. 完善"一带一路"国家 PPP 投资环境

从更高层次看，"一带一路"基础设施建设既关系到沿线国家经济社会发展，也与全球基础设施体系整体运行密切相关。但从当前情况来看，PPP 模式的运用还受到沿线国家基础设施运营效率低、投资环境不理想等方面的制约。因此，应当从完善"一带一路"沿线国家 PPP 投资环境入手，如加快构建 PPP 法律制度体系、理清政府与市场的边界等。

社会资本投资"一带一路"PPP 项目，对沿线的区域环境相当重视。而 PPP 国别环境评估标准为社会资本投资"一带一路"PPP 项目提供了重要的参考和依据。

据了解，经济学人智库针对 PPP 国别环境设定了 6 大评估维度，包括法律监管框架、制度框架、运作成熟度、投资环境、金融工具和地方调节，其中每个维度分解成 1～4 个具体评价内容，每个内容按照 0～4 分的打分标准计算。最终 6 大维度根据 25％、20％、15％、15％、15％、10％的权重统计核算。具体的评估标准主要为：一是法律监管框架，主要涉及 PPP 法律制度与 PPP 项目的一致性、国家法律法规是否明确规定了 PPP 项目的实施内容并建立了相应的监督机制、是否设置了 PPP 项目法律变更的补偿机制、PPP 项目的实施是否经过物有所值评价[83]、是否建立了公开透明的 PPP 采购流程、PPP 项目是否设有公平的争议解决机制等；二是制度框架，主要涉及是否在国家层面建立了对 PPP 规划和监管的部门、是否制定了 PPP 项目实施的标准以及 PPP 司法制度是否具有执行力；三是运作成熟度，主要涉及 PPP 部门是否具有项目规划、设计、评估的能力以及 PPP 实施方案是否具备可行性；四是投资环境，主要涉及政治动乱是

---

[83] 物有所值评价是国际上普遍采用的一种评价方式，属于由政府提供的公共产品和服务运用 PPP 模式的评估体系，旨在实现公共资源配置利用效率最优化。2013 年 11 月，财政部首次提到政府采购将向实现物有所值转变。梳理文件发现，《中华人民共和国预算法》、《中华人民共和国政府采购法》、《关于推广运用政府和社会资本合作模式有关问题的通知》、《关于印发政府和社会资本合作模式操作指南（试行）的通知》等法律和规范性文件，都明确提出要科学规范地对政府和 PPP 项目进行物有所值评价。

否影响到 PPP 项目的正常经营、国家商业环境对基础设施项目的影响等；五是金融工具，主要涉及政府方对 PPP 合同的履约性、国家资本市场的发达程度、基础设施融资资金来源、国家借贷市场的流动性等；六是地方执行，主要涉及 PPP 项目特许经营是否能够在国家与地方层面有效实施。

根据经济学人智库 2012～2014 年间的评分结果，针对"一带一路"沿线 35 个国家，按照区域分布，分析 PPP 国别环境主要内容为：一是东盟和东亚 5 国（印度尼西亚、泰国、越南、菲律宾、蒙古）均处于中上水平；二是南亚 3 国（印度、巴基斯坦、孟加拉国）中，印度在 6 大维度上得分较为平均，市场成熟度高，运作规范；三是中亚 3 国（哈萨克斯坦、塔吉克斯坦、吉尔吉斯斯坦）呈现出明显特点，PPP 宏观环境都不尽完备；四是独联体中除俄罗斯 PPP 环境发展相对均衡外，其余国家普遍存在 PPP 宏观环境薄弱的问题，在法律制度建设方面明显不足，市场成熟度不高；五是中东欧 15 国（波兰、立陶宛、爱沙尼亚、拉脱维亚、斯洛伐克、匈牙利、斯洛文尼亚、克罗地亚、波黑、黑山、塞尔维亚、阿尔巴尼亚、罗马尼亚、保加利亚和马其顿）制度层面的 PPP 宏观环境普遍较好。但在 PPP 项目的运作成熟度方面，除匈牙利得分超过 60 分以外，其余国家的分值均在 40 分以下。分析认为，PPP 宏观环境尤其是市场成熟度与一国的 PPP 发展规模息息相关（即 PPP 项目数量多、规模大的国家运作成熟度也高）。而中国企业在投资"一带一路"PPP 项目时，不能唯上述经济学人智库的综合评分是从，还要参照中国与 PPP 项目东道国的双边关系、东道国缔结的国际条约等多方因素综合全面评定其 PPP 国别环境。

5. 积极培养"一带一路"专业化人才队伍

在全球竞争中，国际化人才短缺是中国企业面临的大问题。企业要搭上"一带一路"快车，走出国门，走向全球，迫切需要既懂外语，更懂技术、懂管理、懂金融、懂国际市场、懂当地文化的国际人才，这是国际化企业克服"水土不服"，避免出现全球化和本土化冲突的关键。

目前，我国正着力培养"一带一路"专业化的人才队伍，且取得了明显的成果。寻求大学与企业间的协同合作，是提高技术创新能力，进而提升我国国家竞争能力的有效选择。2016 年 4 月，中共中央办公厅、国务院办公厅印发了《关于做好新时期教育对外开放工作的若干意见》，明确提出要完善教育对外开放布局，加强与大国、周边国家、发展中国家、多边组织的务实合作，充分发挥教育在"一带一路"建设中的重要作用。为落实《意见》，2016 年 10 月，教育部召开全国来华留学管理工作会议，突出强调要配合"一带一路"倡议，协助储备沿线国家人才。要支持高校与国家大型企业合作，开展订单培养，为企业"走出去"提供本土人才支撑。

四、"一带一路" PPP 项目激励相容

"一带一路"沿线国家无论是经济发展水平、法律环境和文化风俗都存在很大的不同，社会资本尤其是外方社会资本面临着各种各样的风险，需要尽最大的努力去规避这些风险，从最大程度上维护自身的权益。总的来说，虽然"一带一路"客观条件不容乐观，但作为有志于"一带一路" PPP 大市场的各类社会资本，最需要的是发挥主观能动性，积极创造与"一带一路"沿线国家的政府、社会资本（在组成联合体的情况下）、当地社会公众合作的有利条件。从根本上来说，社会资本需要充分考虑沿线国家政府、社会资本和群众的诉求与意愿，并满足与后者合作的"激励相容"条件。

什么叫"激励相容"? 根据哈维茨（Hurwiez）创立的机制设计理论，"激励相容"是指在市场经济中，每个理性经济人都会有自利的一面，其个人行为会按自利的规则行为行动；如果能有一种制度安排，使行为人追求个人利益的行为，正好与企业实现集体价值最大化的目标相吻合。

1. 坚持"利益共享、风险共担"原则

PPP 模式是政府与社会资本的合作，合作的目的是提供包括基础设施在内的公共产品或服务。"利益共享、风险共担"是 PPP 模式的核心。政府和社会资本以 PPP 模式合作，一是要做到利益的共享，二是要做到风险的共担。完全由政府或社会资本单方面享受利益或分担风险，既不可能实现长久合作，也不符合经济规律，更不符合现实实际。

根据 PPP 项目风险的性质，政府须承担政策、监管、保护公共利益的风险，而融资、建设、运营的风险应该由社会资本来承担。主要原因在于政府部门政策的制定者，不能因未来有新的影响 PPP 项目进展的原因而出台否定性的法规、新政，更不可朝令夕改。作为政府部门，首先应该制定政策保障社会资本的利益。否则不仅有损社会资本的权益，更对 PPP 模式的推广不利。而社会资本作为市场的主体，有着丰富的技术、管理经验，应对市场的能力要比政府强，应承担项目设计、建设、运营维护等商业风险。事实上，PPP 项目需有科学的风险分配机制，以下通过风险矩阵说明 PPP 项目的风险分配，见表 9-1。

2. "一带一路"以"共赢"为目标

PPP 模式下，政府与社会资本考虑的角度往往并不一致，因此双方在磋商的过程中并不在一个"频率"上：政府考虑更多的是自身财政压力和支付风险，还有就是维护社会公众利益，因此政府希望"社会资本投资回报率越低越好"

PPP 项目风险矩阵　　　　　　　　　表 9-1

风险因素		政府	社会资本	共同分担
设计建设			▲	
融资			▲	
运营维护			▲	
市场需求				▲
不可抗力				▲
移交			▲	
法律变更	政府可控的	▲		▲
	政府不可控的			▲
系统性金融风险				▲

"社会公共利益越高越好"。对社会资本而言，考虑更多的是自身投资风险。社会资本希望在创造社会效益的同时，自己的投资回报率"越高越好"。毕竟社会资本作为市场竞争主体，其生存、发展以及股东的投资回报要求才是最重要的。由此似乎可以得出一个结论，在投资回报上政府与社会资本只能是一场零和博弈❽。

　　然而，PPP 模式下，政府与社会资本并非只能是零和博弈，如果操作得当，完全可以实现"双赢"，甚至包括政府、社会资本、金融机构、社会公众、中介机构等各方"共赢"。那么，在开展"一带一路"PPP 项目时，如何实现各方"共赢"呢？分析认为，一方面，需要沿线政府和社会资本在合作时，需要站在对方的角度考虑，平衡各方利益，既让沿线国家经济得到发展、当地居民福利得到改善，又让社会资本获得投资收益，这样才能保障各方持续合作，"一带一路"实现可持续发展。另一方面，"一带一路"沿线虽然不乏资源丰富和劳动力价格低廉的国家和地区，中国企业也需要"走出去"寻求新的发展机遇，但这绝不是国家制定"一带一路"倡议的根本原因。"一带一路"倡议的核心在于"合作"，追求的是"和平发展、互利共赢"。

　　东道国政府和社会资本采取 PPP 模式合作，能够发挥各自优势，取长补短：一方面发挥政府的规划和监督方面的优势；另一方面发挥社会资本在资金、技术和管理方面的优势。引入有实力的社会资本后，地方政府会加强监督项目的实施和运营。而为了未来数十年的项目运营获取更大的利润，满足社会公众的生产生

---

　　❽　零和博弈又称零和游戏，与非零和博弈相对，是博弈论的一个概念，属非合作博弈。指参与博弈的各方，在严格竞争下，一方的收益必然意味着另一方的损失，博弈各方的收益和损失相加总和永远为"零"，双方不存在合作的可能。早在 2000 多年前这种零和游戏就广泛用于有赢家必有输家的竞争与对抗。与"零和"对应，"双赢"的基本理论就是"利己"不"损人"，通过谈判、合作达到皆大欢喜的结果。

活需求，社会资本不仅不会偷工减料，不顾项目工程质量，而且会将最优秀的人才、最优质的产品和最好的技术运用到项目工程上，比如中国的高铁、机械设备等运用到"一带一路"。这样两相监督和促进，可以大大提高 PPP 项目的建设和运营效率，最终实现政府、社会资本和社会公众的多方"共赢"。

五、中国企业投资"一带一路"PPP 项目

通过对"一带一路"沿线国家的考察调研，在"一带一路"倡议推动下，中国企业迈开大步"走出去"，积极开拓市场，做好风险防范，砥砺而行，不断发展壮大。

1. 充分考虑"一带一路"PPP 项目合作的可行性

中国企业在开展"一带一路"PPP 项目时，一定要扎实做好前期的基础工作，重点是对沿线国家的经济发展水平、政治结构、法律环境、人文风俗等实际情况做深入的了解，然而再进行科学的可行性研究，科学决策 PPP 项目的可行性，切不可凭印象办事，仓促上马，因为一旦签订 PPP 合同就要严格按照国际规则办事。如果在建设和运营的过程中发现之前未预测的风险，则悔之晚矣，这方面中国企业的教训有很多。

（1）事前做好周密的策划

中国企业投资"一带一路"PPP 项目，面对的是全新的投资环境：经济环境、法律环境、人文环境等。这些环境因素与国内不同，有的甚至天壤之别。为了确保投资的安全性，中国企业不要贸然进入一个新的国家、新的行业，绝不打无准备之仗，事前应该做好周密的策划，应该用充足的时间对与项目有关的内容进行精心的研究。具体来说，中国企业要研究"一带一路"倡议涉及的国家、投资方向和重点行业以及研究 PPP 模式在目的国实施的可行性（重点是项目所在国的经济政策、金融政策、财政政策、法律和人文环境，以及中国政府对于项目所在国经济、金融等方面的支持政策等）。

（2）高度关注项目东道国经济情况和 PPP 法律和政策导向

PPP 项目主要是基础设施建设和公共服务项目，与政府的产业经济特点密切相关。中国企业在投资"一带一路"PPP 项目时，一定要深入分析东道国的产业经济特点（经济结构、重点产业、人口结构以及公共服务需求等内容），以降低 PPP 项目的市场需求风险（一个 PPP 项目合作期限长达数十年，市场需求对社会资本的投资回报率和回报周期影响重大）。以部分人口红利明显的"一带一路"国家为例，在这些国家投资公路、铁路等交通运输类 PPP 项目，就远比在欧美等人口老龄化严重的地区风险小得多。

在 PPP 诸多风险中，法律和政策变更风险尤其值得社会资本警惕。法律和政策变更风险具体表现在由于国家颁布、修订、重新诠释法律而导致原有的 PPP 项目的合法性及合同有效性发生变化，给社会资本的投资回报带来不利影响，如项目不能正常建设或运营，严重的直接导致项目终止和失败，给社会投资者带来巨大损失。因此，中国企业投资"一带一路"PPP 项目一定要充分了解东道国的 PPP 法律和政策导向，这有助于中国企业全面把握东道的 PPP 发展趋势，从而结合 PPP 项目实际情况，规避项目风险。

（3）做好项目前期准备工作

中国企业在对"一带一路"PPP 项目所在国进行充分、深入的调查研究后，一旦确定投资，接下来就要做好大量的前期准备工作，重点是对项目本身包括工程技术、财务、合同法律、风险等方面进行可行性研究；对项目现场进行踏勘㊟、确定联合体成员（最好与项目所在国政府代表企业或者项目所在地企业共同组成联合体成员，这样既发挥联合体成员的各方优势，还可以规避中国企业自身的投资风险）、与 PPP 项目所在国进行深入的商业谈判、签订合理的 PPP 合同等。

2. 必须重视加强相关法治和文化建设

PPP 项目多为基础设施和公共服务项目，与其他充分竞争性的商业项目相比，PPP 项目更需要项目所在国的认同和支持。因此，作为投资"一带一路"PPP 项目的中国企业，需要加强与项目所在国政府和相关企业的沟通交流，提升中国企业在技术、管理方面的"硬"实力和理念、文化方面的"软"实力，从而赢得项目所在国政府和社会公众的认可，为项目的顺利推进奠定坚实的基础。

因此，作为"走出去"时间并不长的中国企业，面对与中国本土并不一样的经济、法律和文化环境，一定要重视加强相关法律和文化建设，才能保障自己的合法权益。

3. 高度重视风险防范、加强企业管控

在"一带一路"倡议大背景下，中国企业掀起了投资沿线国家的热潮。但需要注意的是，中国企业在与"一带一路"沿线国家密切深入合作的同时，一定要高度关注和防范包括东道国政府违约在内的各种风险。为妥善应对投资风险，中国企业一定要未雨绸缪，提前做好应对预案和防范措施。调研发现，"一带一路"沿线的部分国家经济并不发达，中国企业投资 PPP 项目后有可能面临东道国政

㊟ 踏勘即对项目实施现场的经济、地理、地质、气候等客观条件和环境进行的现场调查，了解当地公众对工程项目的态度，调查是否会存在建设和运营风险等。

府偿债能力不足的问题。业内人士指出,从"一带一路"上的一些国家本身经济状况看,中国企业不能过于乐观。以基建为例,新兴市场经济体本身的基础设施发展计划可行性不强,投资收益较低。因此,中国企业必须高度重视风险防范、加强企业管控。

4. 大力实施本土化战略

对深入拓展"一带一路"PPP项目的中国企业而言,在国内市场凭借其雄厚的资金、先进的技术和丰富的管理经验独树一帜,再加上有着深厚的企业文化底蕴、丰富的政府资源和人脉以及对国内法律、市场的牢牢把控,自然可以做得风生水起。然而,当市场拓展的脚步迈出国外,面对的是全新的环境:市场环境、法律环境、人文环境……如果还是固守老一套的经验,肯定行不通。甚至旧有的经验会成为开拓海外市场的"绊脚石",这方面的教训不胜枚举。因此,在原有优势的基础上,大力实施本土化战略、借助外部力量才是当下中国企业开展"一带一路"PPP市场的重要选择。

(1) 中国企业与项目所在地企业和机构开展密切合作

鉴于PPP项目所在地企业和机构对当地的政治、经济、人文、历史、法律等更为熟悉,有着丰富的资源和项目经验,而这方面中国企业是远远不能相比的,也是无法单纯依靠资金、技术和管理经验所能弥补的。如果中国企业选择与项目所在地企业和机构合作,则可以充分发挥合作者的优势,补足自己的短板,从而大大降低投资风险。

(2) 聘请项目所在地的技术人员和工人

中国企业如果完全聘用国内人员,在管理上可能更为熟悉和得心应手,但也存在明显的不足,一是国内技术人员和普通工人面临水土不服的问题,二是用工成本高企的问题。最为重要的,则是不解决当地工人就业容易导致当地政府和公众不支持项目,从而衍生出一些新的麻烦。事实上,项目所在地的技术和劳动人员最为熟悉当地的工作模式和社会民族习惯,如果项目团队进行一定数量的所在国人员配比,可以在最短的时间内解决工人水土不服的问题。更为重要的是,由于能够解决本地劳动力就业,项目更能获得当地政府和社会公众的支持。

5. 打造"一带一路"PPP高端人才库

在国际PPP市场上,PPP项目的招投标是一个相对成熟的市场,社会资本需要建立一个强大的既熟悉项目所在国法律法规又熟悉国际商务操作惯例的专业团队,以确保PPP项目融资安排、风险的合理分配和股权构架的独特设计。在"一带一路"PPP业务拓展中,中国企业在积极实施本土化战略的同时,需要打造"一带一路"PPP高端人才库,积极培育和促进国内专业研究机构、中介组织(律师事务所、会计师事务所、评估机构、咨询机构、工程咨询机构等)、智库平台和高校研究中心等,开展与"一带一路"倡议相关的 PPP 科研和咨询服务,为中国企业走向"一带一路"做好专业化的服务和支持。此外,还要引入大量的国际化复合型海外专业人才,建立 PPP 专业人才库,打造本土化的 PPP 国际经营团队。近年来,我国部分专业中介机构和现代智库平台、高等院校、研究中心等都积累了成熟的"一带一路"PPP 业务经验,对中国企业如何拓展"一带一路"PPP 业务有许多成功的案例。通过借力这些强大的"软力量",更有利于中国企业拓展"一带一路"PPP 业务。

政府相关部门收集、整理其他国家企业在"一带一路"建设上的 PPP 成功经验和中国企业在"一带一路"建设上的 PPP 成功经验,通过举一反三,系统总结具体的、值得推广的案例经验和示范项目,形成示范效应,指导中国企业更快更稳地拓展"一带一路"PPP 项目。

6. 充分利用双边或者多边投资保护协定

随着中国在"一带一路"倡议上的深入推进和向资本输出国❽的转型,了解和利用双边或者多边投资保护协定显得十分必要。只有这样才能在项目合作发生争议时能够获得协定的保护,才能在争议中占据主动地位。掌握双边或者多边协定这个"武器"的时间节点非常重要,绝不是在争议发生时才想起利用这个"武器",更不是在投资失败后写进失败案例里的深刻教训,而是在争议发生之前——项目谈判阶段和投资架构设计阶段的"恋爱"期。如果错过了这个时期而仓促进入"婚姻",一旦双方发生争议,双边投资或者多边投资协定将不会为投资者保驾护航。所以,中国企业作为项目东道国境外的社会资本,为了确保在未来的几十年的合作期限内享受一场和谐、融洽、稳定的"婚姻",以就应该在双方"恋爱"时(合同谈判、投资架构设计等)就做好各方面的准备。

为了使"一带一路"PPP 这场"婚姻"更为稳健、持久,同时充分保护自身的合法权益,走向"一带一路"的中国企业需要重点考虑或者利用双边或者多边投资保护协定,考量中国与 PPP 项目东道国是否已经签订双边或者多边投资保护协定。公开资料显示,截至 2016 年底,我国已经与 129 个国家签订了双边投资保护协定,其中与 53 个"一带一路"沿线国家签署了双边投资协定,与 54个沿线国家签署了避免双重征税协定,并积极商签标准化合作协议、签证便利化协议等各类合作文件,促进资本、技术、人员等要素有序流动和优化配置,降低

---

❽ 根据中国与全球化智库(CCG)对外发布的《中国企业全球化报告(2016)》企业国际化蓝皮书:2005 年以来,中国对外直接投资流量连续 10 年持续增长,2015 年达到了 1456.7 亿美元,中国对外直接投资首超吸引外资。经合组织(OECD)和国际货币基金组织(IMF)2016 年度全球对外投资统计报告显示,中国对外投资连年攀升,到 2016 年对外投资额超过吸引外资总额,成为资本净输出国。

企业制度性交易成本，共同为企业开展产能和投资合作营造良好政策环境。与此同时，中国政府坚持共商、共建、共享原则，与沿线国家共同应对各类风险挑战，加大领事保护力度，推进双边执法合作，有力地保障企业和公民合法权益。

六、塑造"一带一路"中国企业良好形象

"走出去"的中国企业的海外形象，既是其开拓市场的综合实力的组成部分，也是中国国家形象的重要组成部分，还是国际社会认识和了解中国的重要窗口。作为"一带一路"倡议实施的具体执行者，"走出去"的中国企业肩负着国家神圣的使命与责任。

1. 中国企业海外形象总体评价较高

《中国企业海外形象调查报告，2015"一带一路"版》（报告调查范围为"一带一路"沿线相关国家）的主要结论包括：一是海外民众看好中国经济未来发展趋势；二是海外民众认可中国经济发展对本国的推动作用；三是"丝绸之路经济带"沿线相关国家对中国企业社会责任总体评价最高的是俄罗斯和哈萨克斯坦。"21世纪海上丝绸之路"沿线相关国家中，印度对中国企业社会责任总体评价最高；四是在中国企业社会责任各子维度中，"丝绸之路经济带"沿线相关国家受访民众的平均打分普遍高于"21世纪海上丝绸之路"沿线国家。从具体子维度看，基础设施建设获得的好评度较高，而环境保护得分相对较低。此外，受访者普遍认可中国企业在维护企业形象方面的表现，认为企业在建立长期公关机制方面仍需努力；五是"一带一路"沿线国家对中国企业在品牌本土化方面有较高的评价，但对雇佣本地员工和采购本地原材料方面评价较低。调查还显示，受众认为中国企业在遵从政府监管方面做得不错，但在维护知识产权方面表现不足。

2016年，中国外文局对外传播研究中心联合中国报道社、华通明略、Light-speed GMI合作开展了第三次中国企业海外形象调查，重点考察"一带一路"沿线的四个中东欧国家（罗马尼亚、波兰、捷克、匈牙利）对中国经济、中国企业和中国产品的评价以及获取中国企业信息的主要渠道，主要包括中国经济形象、中国企业及产品形象等内容。具体来说：中国经济形象方面，中东欧受访者一是看好中国经济发展形势，二是认可中国经济的国际影响力，三是认可"一带一路"倡议的积极影响。在中国企业及产品形象方面，超三成受访者对中国企业印象良好。

2. 强化中国企业社会责任

如何融入项目所在国，并得到当地政府和社会公众的欢迎和认同，对致力于

"一带一路"市场的中国企业开展形象建设提出了严峻的挑战。

强化中国企业社会责任无疑是提升企业品牌形象的重要举措。中国企业的社会责任推进与落实情况直接影响我国与"一带一路"沿线国家的经济交往。具体来说，要深入了解当地实际需求，结合企业自身优势，参与环境保护、社区建设和民生项目建设。以民生项目为例，分析指出，走向"一带一路"的中国企业不仅要与当地政府合作投资建设大型的基础设施建设项目，更要投资建设一些惠及民生的项目，让当地居民得到实实在在的好处。事实上，"一带一路"沿线国家经济发展水平普遍不高，民生需求很大。近年来，有中国企业在"一带一路"沿线国家建设学校、幼儿园、卫生院、通电修路、小型水利设施等援建性项目。这些惠及民生的工程虽然投资规模小，但影响面大，容易受到政府的支持，当地社会公众作为受益者也会点赞。

推进企业社会责任建设是全面提升我国企业良好国际形象和营造良好市场环境的重要途径。以华新水泥为例。华新水泥是中国水泥工业"走出去"的先行者。2013 年 8 月，华新水泥塔吉克亚湾工厂正式点火投产，成为中国水泥工业第一个投产的海外工厂。自落户柬埔寨以来，华新柬埔寨公司对当地做公益、为民众提供大量的就业岗位。此外，"我爱塔吉克"华新基金"百万扶贫行动"每年将为塔吉克农村提供 20 万索莫尼的资助，持续 5 年，共 100 万索莫尼，旨在改善塔吉克人民的生存环境和生活条件。2013 年和 2014 年，华新亚湾公司先后被塔国政府评为"2013 年度塔吉克最佳工业企业"和"最有社会责任的企业"，提升了中国企业海外的良好形象。

2015 年 3 月由国家发展改革委、外交部、商务部发布的《推动共建丝绸之路经济带和 21 世纪海上丝绸之路的愿景与行动》指出，在投资贸易中突出生态文明理念，加强生态环境、生物多样性和应对气候变化合作，共建绿色丝绸之路。"促进企业按属地化原则经营管理，积极帮助当地发展经济、增加就业、改善民生，主动承担社会责任，严格保护生物多样性和生态环境。"此外，亚洲基础设施投资银行、丝路基金、金砖国家新开发银行等金融机构在其纲领以及投资指引中也进一步明确、强化企业在"一带一路"建设过程中必须严格履行其公司社会责任。2016 年 6 月，中国工业经济联合会发布"一带一路"中国企业社会责任路线图。路线图提出，未来将通过多种方式，不断提升沿线企业的社会责任意识，举行社会责任相关论坛和培训交流，促进有关各方对企业社会责任理念和方法的认知；充分利用各个渠道，提升企业履行社会责任的能力和水平，联合各方开发制定《"一带一路"中国企业社会责任管理指南》及相关工具，与国际机构、行业组织、专业机构等围绕提升中国企业社会责任管理能力相关内容开展专业培训、现场交流、案例传播、试点基地建设等工作。

3. 提高企业产品质量，树立"中国质量"新形象

相比较而言，价格便宜是中国产品最突出的优势。不过，产品质量却是中国企业的短板，调查显示，分别有 65% 和 53% 的中东欧受访者将不购买中国产品的原因归为"质量不过关"和"假冒伪劣产品多"。中国企业产品在中东欧受访者中的认可度平均为 37%，与日本企业（74%）、欧盟成员国企业（64%）、美国企业（61%）相比，仍存在一定差距。因此，提高产品质量成为中国企业开拓海外市场，提升企业形象的重要途径。

4. 积极开展文化交流，提高企业公关沟通能力

据了解，此前中国企业在开拓海外市场的过程中，常因融入当地社区不足、对当地文化风俗了解不充分以及缺乏与当地民众和媒体沟通，引发冲突甚至项目停滞，结果中国企业经济上损失惨重，企业形象上也受到很大损失。这方面的例子不胜枚举。《推动共建丝绸之路经济带和 21 世纪海上丝绸之路的愿景与行动》指出，传承和弘扬丝绸之路友好合作精神，广泛开展文化交流、学术往来、人才交流合作、媒体合作、青年和妇女交往、志愿者服务等，为深化双多边合作奠定坚实的民意基础。

上述 2016 年中国外文局对外传播研究中心联合中国报道社、华通明略、Lightspeed GMI 合作开展的第三次中国企业海外形象调查还显示，在未来发展方面，中东欧受访者希望中国企业进一步加深对当地文化、历史和消费者的了解，主动融入当地社会和当地文化。受访者还希望中国企业提升公共关系表现，最需要进行改善的是及时有效处理公关危机、注重维护媒体关系，以及建立长期公关机制。

5. 加强媒体宣传，讲中国企业"好故事"

（1）虽然多数国家受访者认可中国经济对本国的积极影响，但民众对"一带一路"倡议的熟悉度和认知度还需要进一步提升。习近平主席要求"要切实推进舆论宣传，积极宣传'一带一路'建设的实实在在成果，加强'一带一路'建设学术研究、理论支撑、话语体系建设"，建议中国企业通过在项目所在国开展学术研讨、中国企业家在当地媒体上接受采访等方式，向当地民众深入宣讲"一带一路"倡议为当地带来的益处，尤其排解当地民众的担忧，从而为中国企业营造一个良好的市场环境。

（2）调查显示，互联网是"一带一路"民众了解中国企业信息的主要渠道。有七成的受访者通过互联网了解中国企业，电视、报纸/杂志、广播等媒介也是海外民众获取中国企业信息的主要渠道。在媒体报道方面，"丝绸之路经济带"

沿线相关国家受访者普遍认为本国媒体对中国企业报道比较正面或中立。有超过三成的受访者认为中国企业在报道中总体形象正面，有二成的受访者认为报道较为中立，只有不到二成的受访者认为报道较为负面。

在"走出去"的过程中，对中国企业而言，需要塑造良好的海外形象，营造良好的环境，重点是履行好社会责任、自觉遵守国际法律规范、提升产品质量和服务水平、提升与媒体机构交往的能力和沟通能力，做民心相通的使者，以良好的海外形象赢得项目所在国政府、合作各方和当地社会公众的认同和尊重。

第十章 "一带一路"PPP项目典型案例

通过重点打造"一带一路"上的PPP项目典范，可以降低社会资本的投资风险，为沿线国家与社会资本更好地开展PPP合作奠定坚实的基础，从而更快推进"一带一路"倡议的落实。

一、案例一：斯里兰卡科伦坡港口PPP项目

1. 项目概况

从地理位置上看，斯里兰卡位于印度洋航道中心点，素有"东方十字路口"之美誉。斯里兰卡区位优势明显，这里是海上丝绸之路的重要一环，也是连接亚非、辐射南亚次大陆的重要支点。

2014年9月，由中国交通建设股份有限公司（简称"中国交建"）投资并开发的斯里兰卡科伦坡海上港口商业新城（以下简称"本项目"）正式动工。本项目计划填海造地269ha，规划建设规模565万 m^2，目标是打造南亚地区第一个高端中央商务区，建设一个可以容纳25万人的新城，主要包括住宅、酒店、办公楼、商场等配套设施，本项目计划5~8年形成初步规模，20~25年全部建设完成。

2. 权利义务

本项目由中国交建投资并开发，由中国交建下属的中国港湾科伦坡港口城有限责任公司（简称"港口城公司"）实施具体开发运营。具体来说，由斯里兰卡政府负责各种环境、规划和施工许可证，中国交建负责投融资、规划、施工和运营，其中，资金70%来自中国国家开发银行的商业贷款。在填海形成的269ha土地中，港口城公司获得116ha商业开发土地，斯里兰卡政府获得62ha商业开发土地和91ha公用土地。

3. 综合效益

作为斯里兰卡目前单一最大的外国投资项目，本项目的实施，有力地促进斯里兰卡基础设施建设，能为斯里兰卡带来明显的社会经济效益：

（1）本项目建后，科伦坡城市将多出269ha土地，占科伦坡市中心面积的

7%，将极大促进城市发展。

（2）本项目与科伦坡港口、机场、高速公路连接，这里将成为连接东南亚、南亚、中东等地区的重要经济纽带，使斯里兰卡成为印度洋地区重要的经济活动中心之一。

（3）本项目促进斯里兰卡经济增长，本项目直接投资14亿美元，将带动二级开发投资约130亿美元。

（4）本项目建设过程中雇佣斯里兰卡员工超过1000人，高峰期能达到2500人左右。本项目还为斯里兰卡创造超过8.3万个长期就业岗位。此外，本项目还为受影响渔民提供了5亿斯里兰卡卢比（1美元约合149卢比），支持渔民购买意外保险，帮助渔民建设学校和提供就业机会。

（5）本项目主要包括主题公园、游艇码头、酒店、医疗设施、教育设施等。环境优美，大大提高当地人的生活质量。

总之，作为"一带一路"重要工程项目，本项目将促进斯里兰卡国民经济发展，有力提升国家形象和国际竞争力。

4. 经验分析

本项目2014年9月17日开工，其间经历一年半的停工期：2015年3月，斯里兰卡政府暂时叫停本项目，理由是"缺乏相关审批手续"、"重审环境评估"等。经中方交涉，2016年8月签署新的三方协议后，同年9月复工。

虽然本项目经历了一年多的停工，造成了不小的损失，但总的来看，由于中方企业在项目建设过程中采取了一系列的得力措施，中方企业熟悉斯里兰卡环保政策和法规，注重本项目的环境保护，据介绍，"填海造地所需砂料都来自海砂，为了保证滨海环境和鱼类，取砂区都在距离海岸线5km以外，水深15m以下，海岸线不会受到侵蚀。采砂区涉及传统渔场和鱼类栖息地，为此项目公司提前进行了大量调研，查清了沿海礁盘里鱼群产卵区和传统渔业场所，外海取砂都避开这些礁盘和渔业区，经过测算，外海取砂选择在对海洋流场影响最低的地方。"

虽然本项目由于受斯里兰卡政府换届影响停工长达一年，但本项目能复工的核心原因是，这是一个促进当地经济社会发展、造福当地人民的项目。表现在数据方面，就是本项目能带动将近130亿美元投入，能够为斯里兰卡解决就业人口将8万多人，进出客流达到25万人。等等。由于本项目契合当地政府、人民群众、投资者的各方利益，因此虽然经历波折，本项目最终如期建设。

5. 示范意义

本项目是投资项目，投资规模大、技术水平要求高。本项目是中国企业在南亚和 21 世纪海上丝绸之路建设的标杆项目，将带动中国资金、技术和管理方式走向世界，提升中国企业的全球性影响力。

二、案例二：柬埔寨额勒赛下游水电 PPP 项目

1. 项目背景

以中国华电集团公司（以下简称"中国华电"）投资的 PPP 项目——柬埔寨额勒赛下游水电项目（以下简称"本项目"）为例。

柬埔寨是东盟十国中电力开发程度最低的国家之一，也是电价最高的国家。近年来，柬埔寨经济增长保持 7％以上，但由于电源结构不合理，电力紧缺，制约了国家经济发展。世界银行和亚洲开发银行 2014 年 10 月联合发布报告指出，电力短缺仍是柬埔寨吸引外资面临的最严峻挑战之一。柬官方数据显示，截至 2013 年底，全国仅有一半人口可用上电。

为改变这一不利局面，2006 年以来柬埔寨政府大力鼓励电力行业尤其是水电项目投资。在这种情况下，中国企业积极参与柬埔寨电力投资建设。额勒赛下游水电站的主要任务是水力发电。

2. 项目概况

本项目位于柬埔寨王国西部国公省，首都金边以西约 180km，戈公市以北 20 公里的额勒赛河下游，是在柬埔寨王国工业矿产能源部对额勒赛河流域规划的基础上拟兴建的电站，是柬埔寨已投产装机容量最大的水电站。本项目分上、下两级电站，电站由相距约 8km 的上、下电站两个梯级组成，即额勒赛下游电站上电站和额勒赛下游电站下电站。本项目共安装四台水轮发电机组，总装机 $2 \times 103 + 2 \times 66 = 338$MW，其中上电站装机容量为 206MW，下电站装机容量为 132MW，年发电量约 11.98 亿 kW 时，总投资约 5.78 亿美元。2010 年 4 月 1 日，由中国华电投资建设的柬埔寨额勒赛下游水电项目开工仪式在金边举行，标志着额勒赛下游水电站工程建设拉开了序幕。这也是中国华电在境外投资开发装机容量最大的水电站。

3. PPP 模式

本项目社会资本为中国华电下属的中国华电香港有限公司（简称"华电香港"）。本项目采取 BOT 模式，即建设—运营—移交。本项目总投资约 5.78 亿美元，特许运营期 30 年（不含建设期），由中国进出口银行提供 70％贷款，剩余

部分来自华电自有资金。PPP 项目公司为中国华电额勒赛下游水电项目（柬埔寨）有限公司。本项目于 2010 年 4 月 2 日开工建设，2013 年 12 月 28 日四台机组全部投产。

此外，本项目还有多个参与主体，分别为：总承包为中国华电科工集团有限公司（下文简称"中国华电"）；设计为中国水电顾问集团北京勘测设计研究院；主体监理为中国水电顾问集团贵阳勘测设计研究院；主要施工承包商为中国葛洲坝集团有限公司、中国水利水电第八工程局有限公司、中国水利水电第十六工程局有限公司、中国水电建设集团第十五工程局有限公司、贵州送变电工程公司；设备供应商主要分三类，主机由浙江富春江水电设备股份有限公司提供，主变压器由天威保变（合肥）变压器有限公司提供，主阀由湖北洪城通用机械有限公司提供；运营维护为中国华电集团发电运营有限公司。

4. 主要经验

（1）项目前期系统周密策划，各环节有机衔接

对 PPP 项目而言，虽然重点是项目的建设和运营，但项目前期阶段的工作必不可少，从某种程度上讲，项目前期阶段工作的好坏，直接关系到后期的建设与运营。

具体到本项目，在前期阶段，具有丰富经验的中国华电对本项目相关问题进行了系统而周密的策划，确保各环节有机衔接，保障后期项目的建设与运营。具体表现在：

1）本项目为一个大型水电项目，因此水文资料相当重要。中国华电对设计方案中的水文资料选取的合理性进行了多次专家论证，以确保水文资料的科学。

2）测量是工程建设项目不可缺少的环节。做好工程建设的测量工作，不仅能够提高工程的质量和项目的经济效益，而且还能够提高项目的市场竞争力。本项目中，中国华电除请设计院测量外，还请当地一家有实力的单位进行复测。鉴于当地的单位对本项目的地质、水文等更为熟悉，复测使本项目更具科学性。

此外，本项目从设计方案论证、可研报告审查、两国政府相关手续批复、融资方案确定及落实、项目公司组建、土建工程分标及招标安排、主机设备招标等各环节都做到有机衔接。

（2）提前谋划，过程跟踪，确保物资需求

据介绍，柬埔寨经济不发达，国内资源匮乏，电站建设所需机电设备全部从国外采购，钢材、水泥等主要原材料从越南、泰国进口，采购难度大、周期长。为保证材料物资供应，控制节约成本，中国华电提前谋划、过程跟踪，确保了工程建设的物资需求，工程进展顺利。此外，参建各方克服柬埔寨雨季长、温度

高、湿度大、蚊虫繁多、热带疾病侵袭等各种恶劣环境，用时仅 33 个月就实现首台机投产、36 个月完成全部机组投产，成功实现 2013 年"一年四投"目标，投产比 BOT 协议约定提前 9 个月。

(3) 积极履行社会责任

在本项目中，中国华电积极履行社会责任，融入当地社区，从用工、环境保护、慈善等方面入手：

1）采取本地化用工策略，本项目雇佣柬埔寨当地工人，累计达到上千名。不仅如此，还在当地招聘水电运行维护人员，不断组织其学习培训，帮助柬埔寨人民培养水电专业的管理人才。

2）加强环境保护。本项目建设过程中，严格按照柬埔寨政府批准的环境影响评价报告落实环保措施：一是工程设计：对渣场、施工临时用地、生活区等进行合理规划，尽量少占用林地；按照规范要求，上下电站均设计生态流量设施，旱季泄放生态流量，防止区间断流；二是施工行为：将所有施工行为限制在规划区域内；严禁施工人员滥砍滥伐；所有开挖弃渣均进入规划的弃渣场；野生动物保护：落实环境保护措施，加强野生动物保护；四是植被保护：工程建设完工后，较好地恢复厂区植被，厂区生态环境良好，依然保持青山绿水。

由于中国华电华电积极履行社会责任，因此获得当地政府和民众好评，并荣获柬埔寨矿产能源部颁发的"良好社会贡献奖"。

3）在积极履行社会责任方面，中国华电还向柬埔寨红十字会捐助款项，投入大额资金修建柬埔寨国公省到菩萨省的部分道路，将约 45km 进场道路改造成水泥混凝土路面，方便当地人员出行。

(4) 安全管理

1）柬埔寨地处热带季风气候区，降雨强度大，持续时间长。为此，本项目成立防汛机构、提出防汛设计要求、做好防汛物资储备、强化防汛演练、加强防汛值班、全力推进关键部位建设等措施

2）柬埔寨民间枪支管制较松，额勒赛工区及周边偷盗、抢劫事件时有发生。为此，本项目采取的措施有：一是与当地治安管理机构和中国驻柬埔寨大使馆保持及时沟通联系；二是聘请项目所属省份宪兵司令部在工区设立额勒赛宪兵分部；三是制定《突发事件总体应急预案》和《境外非生产性人身安全突发事件专项应急预案》等 11 项专项预案；四是组织进行防洪、防火、紧急救护、人员撤离营地等演练，增强防范意识。

(5) 运营方选择

应该说，项目建成后，只是"万里长征走完了第一步"，接下来便是长达数十年的运营期。项目的成功建设只是为后期运营奠定了基础，最关键的是后期怎么运营、如何高效运营的问题。通常情况下，一个 PPP 项目，要么是具有运营

能力的社会资本自身运营，要么是社会资本委托更具运营能力的单位运营。本项目的运营方为中国华电集团发电运营有限公司❸，该公司具有运营维护方面的专业能力，其境外运营服务容量常年保持在1万kW左右，业务涉及数十个国家。

5. 作用与意义

本项目建成后，对柬埔寨的经济社会发展具有明显的拉动作用：

（1）本项目是目前柬埔寨已投产的最大的水电项目，为柬埔寨提供了全国年发电量的30%，极大缓解了柬埔寨用电紧张情况，大大改善了柬埔寨农村地区和偏远地区的用电问题。尤其是在汛期，有效保障了柬埔寨全国的用电量。

（2）柬埔寨平均居民用电价格大大下降，普通民众用电情况大大改观，由用不起电、不敢轻易用电到放心用电，民众的生活质量大大提高。

（3）由于电量得到保障，电价降低，柬埔寨的工业产品竞争力得到提高，反过来也增加了工业企业员工收入。

（4）本项目的建设还推动了当地道路等基础设施的建设，促进了地区经济增长，解决了当地人民的就业。

总之，本项目投产后给柬埔寨提供大量优质的电力能源，为柬埔寨经济社会发展以及消除贫困做出了重要贡献。

本项目是中国华电在境外投资建设的第一个大型水电项目。由于项目成功建设和运营，因此先后获得柬埔寨矿产能源部"良好社会贡献奖"；柬埔寨国家电力公司"运行优异发电企业"、"安全发电优秀企业"；柬埔寨环保部"环保管理工作优秀奖"以及中国电力建设企业协会颁发的"2015年度中国电力优质工程奖（境外工程）"等荣誉称号。本项目的成功落地，为其他投资"一带一路"PPP项目的企业提供了有益的参考，具有重要的借鉴意义。

三、案例三：巴基斯坦卡西姆港燃煤电站PPP项目

1. 项目背景

近年来，巴基斯坦的电力缺口不断增大，年电力缺口最大约4500～5000MW，导致巴基斯坦全国很多地区每天停电时间长达12～16h。此外，巴基斯坦全国火电机组发电量中燃气、燃油发电量占到90%以上，而低成本的燃煤发电量占比不足1%。为改变国内电力紧张局面，巴基斯坦政府加大对电力行业

---

❸ 中国华电集团发电运营有限公司是中国华电集团控股的专业公司，是目前国内唯——家由国家大型发电集团公司组建的专业化发电运营管理公司。

投入，鼓励和吸引外商和民间资本投资电力领域。

早在 2013 年，中巴两国就提出了巴基斯坦卡西姆港燃煤电站项目（以下简称"本项目"）的构想，本项目位列"中巴经济走廊早期收获清单"，是"中巴经济走廊"排在首位的优先实施项目。

2. 项目概况

据介绍，本项目位于巴基斯坦卡拉奇市东南方约 37km 处卡西姆港口工业园内，紧邻阿拉伯海沿岸滩涂。本项目建设内容包括电站工程、电站配套的卸煤码头及航道工程：电站设计安装 2 台 660MW 超临界燃煤机组，总装机容量为 132 万 kW；在厂区南侧临海侧配套新建离岸式 7 万 t 煤炭卸船码头 1 座，泊位长度 320m，新建航道长约 4.0km，航道设计宽度为 150m，设计底标高为 -12.5m，码头设计长度 280m，总宽度 23m，码头西侧布置 1 座引桥与厂区陆域相连接，引桥宽度 12m。

本项目是巴基斯坦目前在建最大单机容量而且是最先进的火电站，采用进口煤发电，年均发电量约 90 亿度。

3. PPP 模式

本项目总投资约 20.85 亿美元，以 PPP 模式下的 BOO（建设—拥有—运营）模式合作[88]。本项目合作期限为：2015 年 5 月开工，建设期为 36 个月；2018 年 6 月 30 日进入商业运行期，商业运行期为 30 年。

本项目实施主体为巴基斯坦私营电力基础设施委员会，社会资本为中国电建，项目公司为卡西姆港发电项目公司，由卡西姆港能源（迪拜）投资有限公司全资设立，后者由中国电建海外投资公司（股比 51%）和卡塔尔 Al-Mirqab Capital 公司（股比 49%）共同出资设立。

融资安排方面，由中国进出口银行提供贷款，项目公司与中国进出口银行双方签署贷款协议，贷款额占总投资的 74.58%[89]。

---

[88] 目前在我国 PPP 模式主要有 BOT、TOT、ROT、BOO 等，呈现百花齐放的态势。2014 年 11 月 29 日，财政部《关于印发政府和社会资本合作模式操作指南（试行）的通知》（财金［2014］113 号）中指出"项目运作方式主要包括委托运营、管理合同、建设—运营—移交（BOT）、建设—拥有—运营（BOO）、转让—运营—移交（TOT）和改建—运营—移交（ROT）等。"2014 年 12 月 4 日，国家发改委《关于开展政府和社会资本合作的指导意见》（发改投资［2014］2724 号）中指出"经营性项目可以通过政府授予经营权，采用 BOT、BOOT 等模式推进；准经营性项目可通过政府授予特许经营权附加部分补贴或直接投资参股等措施，采用 BOT、BOO 等模式推进；非经营性项目可通过政府购买服务，采用 BOO、委托运营等市场化模式推进。"

[89] 采用项目融资向中国进出口银行贷款，巴基斯坦政府提供主权担保，项目资本金与银行贷款比例约为 25.42%：74.58%。2015 年 12 月 24 日完成首笔贷款 2 亿美元发放。

此外，本项目的使用者为巴基斯坦国家输配电公司，项目公司与巴基斯坦国家输配电公司签署《购电协议》。巴国家电力监管局已批准本项目电价为 8.12 美分，有效期 30 年。中国电建负责整个项目的规划、设计、采购、施工与运营，项目建设期为 36 个月，商业运行期为 30 年，期满后可向巴方政府申请继续运营。

4. 经验介绍

卡西姆工程建设期为 36 个月，比可研阶段的工期缩短 12 个月。

（1）社会资本"抱团出海"，利用全产业链优势集群式"走出去"

为保障本项目的建设和运营，发挥各方的优势，本项目社会资本中国电建以投资为先导，带动海外 EPC 业务发展，通过招标实现电建集团旗下 11 个子企业参与项目程建设和运营，有效发挥了业主、设计、监理、施工、运营"五位一体"的平台引领作用和全产业链一体化集成优势。其中，中国电建集团旗下子企业获得承包和监理合同额合计 13.71 亿美元，占总投资 20.85 亿美元的 66%。

（2）坚持本土化战略

作为境外投资者投资"一带一路"PPP 项目，中国企业需要快速本土化，主要是积极参与当地的社会公众事务、为当地创造就业机会，获得 PPP 项目所在国政府和当地公众的认同感，避免当地民众的反感甚至抗议。

本项目建设中，中国电建始终奉行本土化战略，如提高外籍员工和管理人员比例，大力培养当地员工，尊重当地风俗习惯和宗教信仰等等。其中，本项目建设期将为当地提供超过 2000 个就业岗位，运营期每年为当地提供 500 个培训与就业岗位。

（3）严格风险管理

本项目建设和运营的风险管理是社会资本重点考虑的。经过评估和综合分析，发现本项目存在诸多风险：一是政治风险，虽然巴基斯坦与中国是"全天候战略合作伙伴关系"，但对海外投资项目必须客观公正的全方位分析东道国的风险。根据中国出口信用保险公司发布的《国家风险分析报告》显示，巴基斯坦国家评级为 7 级，区域风险中等偏高，市场环境总体欠佳；二是电费拖欠风险，巴基斯坦政府长年深受"三角债"问题困扰，不得不长期拖欠发电企业电费，致使发电企业损失惨重；三是融资风险，本项目 70% 的资金需要融资，融资期限十多年，如遇利率变化、汇率波动等，投资成本会急剧增加，进而无法实现预期的投资回报；四是税收和法律风险，巴基斯坦与我国法律体制和税收政策存在差异，也会给海外投资企业带来风险；五是安全风险，本项目所在地恐怖势力、极端宗教势力及非法武装组织长期活跃，地区安全形势较不容乐观。

为规避风险，社会资本采取了有针对性的应对措施，如规避政治风险，积极与中国出口信用保险公司沟通，争取利用国家政策性金融机构规避项目的主要风险，由巴基斯坦政府对项目的购电协议提供主权担保，对汇兑限制、征收、战争暴乱、违约进行承保风险，保险范围涵盖了项目大部分政治风险源及风险事件；又如规避电费拖欠风险，巴方为本项目开立电费支付准备金账户，并按期将每月不少于电费 22% 的资金转入该账户，以保证协议所列项目自发电之日起产生的电费能够足额支付；再如规避税收法律风险，在项目签署购电协议、实施协议、工程承包合同等主要协议之前，聘请国际知名的事务所进行税务咨询和筹划，确保在投资经济评价中完全涵盖相关税收成本，保证项目实际投资回报率与预期相符。

此外，在环境保护方面，本项目工程施工期间，严格遵守环保法律法规，注重对红树林的保护，移植和栽种的红树林面积相当于砍伐面积的 5 倍。在项目的运营环保方面，本项目采取海水淡化、烟气脱硫等环保技术，环保达到国际标准。

5. 作用和意义

本项目是"中巴经济走廊"重点项目，也是中巴经济走廊签署后首个实施的能源项目，被巴基斯坦视为"巴基斯坦 1 号工程"。

本项目建成后，将极大改善巴基斯坦电力短缺现状，对巴基斯坦国家调整电力及能源结构、缓解供需矛盾具有重要的作用。此外，本项目优化巴基斯坦投资环境、解决劳动力人口就业和大大改善民生。总之，本项目对中国企业参与"一带一路"PPP 项目具有重要的参考和借鉴意义。

四、案例四：东非亚吉铁路 PPP 项目

1. 项目背景

资料显示，在阿拉伯半岛西南端与非洲大陆之间有一条连接欧、亚、非三大洲的"水上走廊"曼德海峡。自古以来，曼德海峡就是沟通印度洋、亚丁湾和红海的繁忙商路，目前每年有两万多艘船只从这里通过。

埃塞俄比亚是非洲第二大国，人口达到 1 亿，埃塞俄比亚是联合国认定的最不发达国家之一，工业基础薄弱，经济发展主要依赖国际贸易。由于是内陆国家，埃塞俄比亚 90% 以上的进出口物资主要依靠邻国吉布提的港口。埃塞俄比亚和吉布提曾是非洲最早拥有铁路的国家。100 多年前法国人曾在这条线路上修建过一条窄轨铁路，由于年久失修，20 世纪末两国间的铁路速度降到 15km/h，且不少站段废弃。目前连接两国的两车道公路既陈旧又拥堵，走一个单程需要 10 天左右。铁路缺失、运输效率低下使得这段只有 700 多 km 的黄金交通线制约了两国经济的发展，修建一条运力大、速度快的跨境铁路迫在眉睫。

2010 年 9 月,埃塞俄比亚政府明确了通过发展标准轨距铁路网来改善埃塞俄比亚现有交通运输基础设施的总体思路,正式提出了亚吉铁路这一新建铁路项目计划,并列入"五年增长转型计划"。

在此背景下,修建一条从埃塞俄比亚首都亚的斯亚巴贝到吉布提共和国的铁路(即"亚吉铁路",以下简称"本项目")水到渠成。埃塞俄比亚对本项目十分迫切,为使铁路同时通车,埃塞俄比亚政府甚至将原定 60 个月的施工工期压缩至 25 个月。吉布提方面表示,未来的吉布提将建设发展成为地区物流中心,成为非洲迪拜或新加坡,新建一条铁路与埃塞俄比亚连接十分必要。

2. 项目概况

本项目全长 751.7km,设计时速 120km/h,货运时速 80km/h,共设置 45 个车站,初期运能设计为 600 万 t/年,远期通过复线改造可将运量提升至 1300 万 t/年。本项目总投资约 40 亿美元(含机车车辆采购,合人民币约 267 亿元)。

3. PPP 模式

本项目为新建 PPP 项目,运作模式为"EPC+OM",即工程总承包+委托运营。本项目采用设计、采购、施工一体化的交钥匙模式建造,后期运营阶段采用邀请招标方式采购了中土集团与中国中铁联营体,对铁路进行运营管理。

具体来说:本项目由中国铁建所属中国土木工程集团有限公司(简称"中土集团")与中铁二局组成的联营体为 EPC 总承包商,其中前者承建东段米埃索至吉布提 423 余 km,后者承建西段斯亚贝巴至米埃索约 329km。本项目 2011 年底签署项目协议,2015 年 6 月全线铺通。2015 年 8 月,埃塞俄比亚铁路公司和吉布提铁路公司组成联营体对铁路运营管理权进行招标。2016 年 7 月,中土集团代表"中土集团与中国中铁联营体"与埃塞俄比亚铁路公司、吉布提铁路公司签署了"亚的斯亚贝巴—吉布提铁路运营管理服务合同",正式签约亚吉铁路六年运营权。2016 年 10 月亚吉铁路全线通车。

融资安排方面,本项目由中国进出口银行提供商业贷款共计约 29 亿美元,涵盖埃塞俄比亚段 70%的资金和吉布提段 85%的资金。埃塞俄比亚方和吉布提方分别为贷款向中国出口信用保险公司投保信用保证保险。北方国际合作股份有限公司(简称"北方国际")负责本项目全部 1171 辆铁路机车的设计、制造和供货。

4. 项目建设和运营经验

项目风险识别与控制

(1) 工程技术风险

工程技术风险是 PPP 项目的风险之一。我国铁路技术经过多年积淀,拥有系统、可靠和成熟的技术体系和管理体系，能够有效识别和管理风险。

据了解，当初西方专家实地考察后认为从零海拔的吉布提到平均海拔超过 2500m 的埃塞俄比亚高原，路线经过东非大裂谷，地形复杂破碎，在基础设施落后、电力输送与基建材料供应掣肘的国家，建设一条电气化铁路是"绝不可能完成的任务"。不过，中国工程人员克服高原缺氧、物资匮乏等困难，一步步"丈量"出铁路设计沿线地质水文资料，攻克一个个技术难关，进行了多项技术创新，为亚吉铁路设计出了一套经济实用的建设方案。

从信用风险来看，埃塞俄比亚路段是铁路公司借款，由埃塞俄比亚政府提供主权担保，投保中长期出口信用险；吉布提路段由吉布提财政部作为借款人，吉布提政府提供主权借款，投保中长期出口信用险。两者保险比例均达 95％。

（2）人员本土化

本项目劳务用工以当地人为主，项目累计在埃塞俄比亚雇佣当地员工 4 万人，在吉布提雇佣当地员工 5000 人以上。这不仅仅增加了当地就业，还为沿线国家培养了大量的瓦工、电焊工、钳工等技术工人。除普通劳务工人外，项目还雇佣了大量当地高级雇员。为在随后六年将铁路运营技术传授给埃塞俄比亚方面，中土集团派自己的铁路工程师、司机和技术人员到埃塞俄比亚去，对当地员工进行一对一教授，仅在埃塞俄比亚就有 2000 多名当地员工（包括乘务员、火车司机、技术人员等）接受铁路运营培训。此外，还在天津铁道职业技术学院对埃塞俄比亚员工进行培训。依托铁路运营，中国企业将帮助两国建立自己的铁路制度和产业体系。

5. 作用与示范价值

从 2014 年 5 月铁路正式铺轨，到 2015 年 6 月铁轨全线铺通，亚吉铁路用时仅 13 个月，创造了铁路建设的奇迹，同时也创造了几个"第一"：非洲第一条跨国标准轨电气化铁路[90]，被誉为"新时期的坦赞铁路"；中国第一条全产业链出口的铁路，从投融资到设计、建设、运营均使用中国标准。作为中非"三网一化"和产能合作的标志性工程和"一带一路"的标志性成果，本项目是中非"十大合作计划"重要早期收获。

（1）项目作用

本项目建成后，吉布提至亚的斯亚贝巴的运输时间将从公路运输的 7 天降至

---

[90]　2015 年 3 月，国家发展改革委、外交部、商务部联合发布《推动共建丝绸之路经济带和 21 世纪海上丝绸之路的愿景与行动》，提出了沿线各国的合作重点、合作机制，提出了以政策沟通、设施联通、贸易畅通、资金融通、民心相通为主的合作内容。特别是基础设施互联互通提出，在尊重相关国家主权和安全关切的基础上，"一带一路"沿线国家宜加强基础设施建设规划、技术标准体系的对接，共同推进国际骨干通道建设，逐步形成连接亚洲各次区域以及亚欧非之间的基础设施网络。

7 个小时，物流成本大大降低，运输安全性显著提高，将极大改善埃塞俄比亚、吉布提两国交通基础设施现状和物流贸易效率，为两国的经济社会发展注入强大动力❾。本项目还将辐射广大非洲内陆地区，推动区域协同发展。该项目被埃塞俄比亚和吉布提两国民众视为"通向未来的生命线工程"。

（2）项目示范价值

1）从 EPC 转向"建营一体化"

在运作本项目之初，中国企业就将参与今后运营维护考虑在内，实现从单纯的施工方到投资商、运营服务商的角色转变。

从 EPC 工程总承包到全线建成拿下运营权，从总承包的"交钥匙工程"转向"建营一体化"模式，亚吉铁路见证了中国铁路从建设到运营的转变，让铁路"全产业链"真正走出国门，也能够发挥中国企业的各种优势，更好地助力铁路更好地发挥其经济价值和社会价值。

2）从产品输出到标准输出

2017 年 5 月，国家主席习近平在"一带一路"国际合作高峰论坛开幕式上的主旨演讲明确指出设施联通是合作发展的基础。设施联通既包括交通运输等基础设施的"硬件"建设，又包括制度、规则、标准衔接融通的"软件"建设。

本项目由中国企业提供投资、规划、设计、施工、供应、运营和维护等全产业链服务，目前，埃塞俄比亚和吉布提正在规划的铁路，基本都采取中国标准建设，中国铁路标准将成为埃塞俄比亚和吉布提自己的技术标准，有效完善了中国铁路在东非区域内的布局。

3）从全产业链到铁路沿线综合开发

中国企业在进行项目建设和运营的同时，受当地政府邀请在铁路沿线参与投资和建设工业园区，有力促进产业园区和重大项目在铁路沿线的布局，产生"1+N"效应（1 指铁路，N 指围绕铁路项目的一系列重大项目），打造重要的经济带，形成铁路与产业联动发展、相互促进的有利格局。

本项目的示范意义引起周边国家的注意，多国代表纷纷前来考察，希望能将中国标准铁路引进自己国家。

五、案例五：牙买加南北高速公路 PPP 项目

1. 项目背景

牙买加是北美洲加勒比海地区的一个岛国。西北海岸是世界著名的旅游区，

---

❾ 亚吉铁路的建设运营，激发了沿线城市、港口、机场的资源活力。据初步测算，亚吉铁路将拉动埃塞国内经济增速提高两个百分点以上。

随着地区经济快速发展，与首都金斯敦之间南北通道的交通压力不断增加，现有公路不能满足通行需求，制约了经济发展。自 20 世纪 80 年代起，牙买加就进行了兴建南北高速公路的论证，但由于资金和技术问题，项目建设一直未能变成现实。1999 年，牙买加政府于启动了"Highway 2000 项目"（即"H2K 项目"）规划，作为政府致力于的一项长期计划，目的是通过建造安全、高效连接全国主要城市的公路轴线，为金斯敦与牙买加主要人口集中的城市之间提供安全快速通道，促进沿线土地和旅游资源开发，提升国家基础设施建设和经济振兴。作为牙买加政府规划重点建设的南北交通干线，项目建成后，将行车时间从原来的两小时缩短至四十五分钟，为人员流动和物资运输提供便利，有助于开发利用开发牙买加资源，促进经济协调发展。

2. 项目概况

牙买加南北高速公路（以下简称"本项目"）南起首都金斯顿，北至旅游城市奥乔里奥斯，全长 67.3km，是牙买加南北政治、经济互联互通的重要枢纽，也是牙买加历史上规模最大的交通运输类项目。

本项目双向四车道，设计时速 80km/h，总投资 7.34 亿美元。

3. PPP 模式

2012 年 7 月，中国交通建设股份有限公司（以下简称"中国交建"）与牙买加政府在牙买加首都金斯敦正式签署了牙买加南北高速公路 BOT 项目特许经营协议。根据特许经营协议，中国交建以"BOT＋EPC"方式承建并运营牙买加南北高速公路。本项目建设期 3 年，特许经营期 50 年（不含建设期）。本项目的项目公司由多家公司组成：中国交建下属中国港湾工程有限责任公司（简称"中国港湾"）、中交国际（香港）控股有限公司（简称"中交国际"）、中交第一航务工程局有限公司（简称"中交一航局"）、中交第二公路工程局有限公司（简称"中交二公局"）、中交第二公路勘察设计研究院有限公司（简称"中交二院"）共同出资在巴巴多斯注册成立加勒比基础设施投资公司。该公司全资控股设立"牙买加南北高速公路公司"作为项目公司（成立于 2011 年 9 月 13 日，注册资本 50 万美元）。后者与牙买加高速公路运营建设公司签订协议以 BOT 方式承建运营本项目。

2012 年 12 月，牙买加南北高速公路公司与中国交建下属中国港湾签订了 EPC 总承包协议。

在项目融资方面：本项目资本金 1.5 亿美元，其余部分采用银行贷款，即国家开发银行与项目公司签署长期贷款协议。根据长期贷款协议，本项目配套资本金与贷款的比例为 1：3，项目资本金约 1.5 亿美元，贷款额度为 4.255 亿美元和 2 亿人民币,贷款期限为 20 年,其中宽限期 3 年(含建设期),还款期为 2017~2033 年,合同约定贷款利率为 6 个月 LIBOR⑫+460BP。

4. 项目经验

(1) 重视前期风险评估

据介绍,牙买加 H2K 高速公路南北线原由法国 Bouygue 公司于 2007 年开始实施建设,但由于地质勘探不到位,对施工难度准备不足,在未完工的情况下停工,预算严重超标,后续就增加投资与业主以及牙政府的谈判破裂。之后,中国公司以 BOT 模式承建运营本项目。为规避项目风险,中国企业社会资本非常重视前期风险评估,并将风险分为四类:一是信用风险与政治风险,风险来源为因政权变更导致国家解体或新任政府不承认以往的债务和协议,可能影响项目资产的安全;二是市场与运营风险,风险来源为车流量和收费标准达不到预期标准、借款人管理不善和管理成本增加、自然灾害等不可抗力事件等对项目运营造成影响;三是利率及汇率风险,风险来源为项目期限较长利率及汇率变化难以预测,如发生不利变化将对项目造成一定影响;四是完工风险,风险来源为地质条件比预想复杂、牙买加本地公司施工缓慢、政府征地拆迁进度较慢和征地不连续等问题。

(2) 牙买加对中方的激励措施

牙买加对中方出台了激励措施,主要有:承诺提供较为优惠的收费标准和定价机制;约定项目唯一性,双方约定,除非本项目交通量已饱和,牙买加不可建设新的存在竞争性的公路、铁路、轻轨或升级任何现存道路;划拨公路沿线 5km² 经营性土地,由项目公司自主开发,开发所得收益归项目公司所有。

尤其需要说明的是,牙买加对本项目实行了多项税收优惠政策:运营期前 20 年对牙买加南北高速公路有限公司的所得税实行零税率;运营期前 25 年对投资人、承包商及分包商等实行 GCT 零税率或退税政策优惠;运营期的过路费实行零税率;从特许经营协议生效日至运营期的第二十五年止,对投资人、承包商及分包商进口与项目有关的施工设备、运输工具(小汽车除外)、材料等实行零关税;牙买加南北高速公路公司作为巴巴多斯公司的全资子公司,在向巴巴多斯公司分红时不用缴纳资本利得税,印花税、利息的预提税、不动产税、财产转让税均免除。

---

⑫ 伦敦同业拆借利率(London InterBank Offered Rate,简写 LIBOR),是大型国际银行愿意向其他大型国际银行借贷时所要求的利率。它是在伦敦银行内部交易市场上的商业银行对存于非美国银行的美元进行交易时所涉及的利率。LIBOR 常常作为商业贷款、抵押、发行债务利率的基准。同时,浮动利率长期贷款的利率也会在 LIBOR 的基础上确定。LIBOR 同时也是很多合同的参考利率。

（3）为牙买加创造就业机会

本项目有 2000 多名雇员，其中有 1500 多名牙买加人担任了包括工人、工程师在内的各级职位，为牙买加创造了大量就业机会。

5. 作用与示范意义

本项目已于 2016 年 1 月底竣工，目前已正常进入收费运营期。本项目创造了多个历史：牙买加历史上最大的交通运输类项目；最大的中牙经济合作项目；中交建在牙买加投资的首个基础设施项目；中国企业在海外首个高速公路 PPP 项目。项目建设高效、优质、安全，多次蝉联综合考核第一，中段、南段工程连续荣获 2014 年度、2016 年度 "牙买加最佳工程奖"。

本项目具有多方面的作用与示范意义：

（1）本项目的完工打通了牙买加的南北经济动脉，凝聚了牙买加政府和民众多年的梦想得以实现。本项目的实施意义重大，为牙买加提供联通南北的快速通道，促进了当地旅游业、物流业和工业发展，还并提供了大量工作岗位，进一步推动了牙买加经济社会的快速发展。

（2）本项目的建成通车标志着中国企业由国际工程承包商向国际基础设施投资商的成功转型升级。

（3）本项目为中国交建积累同类项目运作经验具有重要意义。此外，本项目成功有利于中国企业以 PPP 模式拓展 "一带一路" 市场，彰显了中国企业以 PPP 模式开拓海外市场的可行性。

六、案例六：巴基斯坦萨察尔 50MW 风电 "EPC+ O&M" 项目

1. 项目背景

巴基斯坦是南亚大国，人口约 1.67 亿。电力结构以火电为主，总装机容量约 20GW，其中水电装机 6.6GW，占总装机容量的 34%，热电装机占 64%，核电 2%。目前，巴基斯坦缺电现象比较严重，全国日均电力缺口为 400 万 kW，夏季高峰时期电力缺口高达每天 750 万 kW。巴基斯坦石油、煤炭和天然气资源的已探明储量并不丰富，国内电力生产能力一直不足，制约了国家经济社会的发展。近年来，随着巴基斯坦经济发展和人口增加，能源和电力供应越发短缺。在此背景下，巴基斯坦希望依托丰富的太阳能、风能等资源增加电力供应，改善能源结构，上马一个风力发电项目——巴基斯坦萨察尔 50MW 风电项目（以下简称 "本项目"）。

2. 项目概况

公开资料显示，巴基斯坦萨察尔50MW风电项目位于巴基斯坦信德省锦屏地区，距离卡拉奇港口120km，项目总投资1.3亿美元，是我国提出"一带一路"倡议提出后的首个"一带一路"新能源项目。项目采用33台金风1.5MW风机机组，风机稳定可靠、故障率低，年发电量约136.5GWh。

3. PPP模式

本项目为新建项目，所属行业为电力——电站建设。本项目采取"EPC+O&M"（工程总承包＋委托运营）模式，合作期限20年，付费机制为政府付费。具体来说，本项目由巴基斯坦的哈比卜集团全资成立项目公司萨察尔能源发展有限公司（以下简称"萨察尔能源公司"）。萨察尔能源公司与巴基斯坦联邦电力采购署签订电力购买协议。中国电建下属的中国水电工程顾问集团有限公司（以下简称"中水顾问"）与项目公司萨察尔能源公司签订EPC工程总承包协议，并委托中国电建下属的华东勘测设计研究院有限公司（以下简称"华东院"）负责项目建设、运营等工作。

项目融资方面，2015年2月15日项目公司萨察尔能源公司和中国工商银行于在北京签署项目贷款协议，由中国工商银行提供85％贷款，剩余部分为萨察尔能源公司自有资金，即中国工商银行为本项目提供1亿美元的出口买方信贷融资，从而拉开了"一带一路"沿线新能源项目开发建设的序幕。

2015年12月11日项目开工，2017年4月10日开始商业运行。

4. PPP经验

(1) 东道国政府大力支持

为进一步改善电力结构，提高电力系统利用效率，巴基斯坦政府出台了一系列政策吸引风电投资者：一是在风电领域采用BOO或BOOT方式完全吸引私营投资，运营期不少于20年；二是由巴基斯坦联邦电力采购署采购所有电力；三是政府对风力资源给出一个基准评价值，与投资者分担风险；四是根据不同投资商的投资成本议定电价；五是政府提供免税优惠政策，如免征海关关税和消费税，免收资源使用费，代征地且地租低廉；六是自由汇兑方面，巴方政府规定投资收益可以自由汇回投资者国家。

(2) 整合各类资源

据介绍，本项目由中国电建统筹管理，华东院负责项目全过程实施：委派高管驻守项目现场，协调解决各种问题，保障人员和物资调配；专门组织专家组赴现场检查指导健康安全环境管理体系工作。不仅如此，本项目还加强对分包商的管理，强化沟通协调，帮助解决资金、物资等困难，充分调动分包商的工作积极性。

（3）本土化战略

本项目为当地居民提供超过 200 个工作岗位，还积极履行社会责任，为当地村民送水、急需的药品、衣物并为当地建设小学，等等。

（4）金融机构积极支持

本项目由中国工商银行提供贷款，工商银行依托全球电力金融产品线优势，结合丰富的海外投融资经验，通过总行、北京分行和卡拉奇分行等境内外、总分支机构高效联动，协同合作，推动项目完成审批、签约。在支持中国企业"走出去"的同时，中国金融机构也实现了拓展海外市场的目标。

5. 作用与示范意义

作为中巴能源合作 14 个优先实施项目之一，本项目受到中巴两国的高度重视。本项目是我国提出"一带一路"倡议后首个"一带一路"新能源项目，是联系中巴友谊、促进"一带一路"经济体共同发展的关键纽带，具有重大的政治和经济意义。

本项目标志着中巴经济走廊首单项目落地，从而拉开了"一带一路"沿线新能源项目开发建设的序幕，这对"一带一路"PPP 项目具有重要的示范标杆意义。

七、案例七：哥伦比亚马道斯 Mar2 高速公路 PPP 项目

1. 项目背景

安提奥基亚省（Antioquia）是哥伦比亚西北部省份，1826 年设立，隶属哥伦比亚安第斯大区。省会麦德林。安蒂奥基亚省面积 63612km²，全国排名第 6 位，分为 9 个部分，共有 125 个市镇，人口 650 万，现有公路水平亟待提高。安提奥基亚省的主要出口港位于省会 700km 外的巴兰基亚。通过建设哥伦比亚马道斯（Mar2）高速公路，可以打通省会至 300km 外出海口图尔博港的通道。

2. 项目概况

公开资料显示，哥伦比亚马道斯（Mar2）高速公路位于哥伦比亚安提奥基亚省。本项目全长约 245km，包括 118.3km 修复和完善路段和 17.7km 新建路段，另外与项目相连的 109km 路段纳入经营维护范围内。本项目设计标准为双向双车道，设计时速最高 80km/h。

3. PPP 模式

哥伦比亚马道斯（Mar2）高速公路 PPP 项目（以下简称"本项目"）是哥伦比亚"4G 路网项目[93]"的一部分。本项目总投资 6.56 亿美元，所属行业为交通运输——高速公路建设，采取 PPP 模式下的 BOT 模式，合作期限为 29 年（准备期 1 年，建设期 5 年，运营期 23 年）。本项目业主为哥伦比亚国家基础设施局（ANI），通过公开招标方式选择社会资本合作方。2015 年 9 月 22 日，中国港湾工程有限责任公司[94]（以下简称"中国港湾"）牵头的联合体中标。中国港湾以技术标、经济标总体满分的优势赢得本项目，并且成为中国企业在美洲地区中标的第一个 PPP 项目。2015 年 10 月 22 日，中国港湾牵头，与哥伦比亚 5 家当地合作方组成的联营体注册项目公司，由项目公司负责该项目的融资、建设和运营。其中，中国港湾作为牵头方为单一大股东，其他五家合作伙伴分别占股 5%～20% 不等。哥伦比亚马道斯（Mar2）高速公路全长 245km，本合同内新建和完善道路部分共计 136km，另外 109km 现有公路，政府将移交经营和维护权给运营方。建设期结束后，项目将进入全长 245km 路段的特许经营期。

此外，本项目由中国港湾作为总承包方负责建设，由 AECOM 和当地设计公司组成联合体负责设计。项目公司聘请独立第三方监理负责监督项目实施。工程承包采用总价合同，根据市场定价原则，由各合作伙伴和中国港湾共同比价并按照各自股比确定各自承包比例。

4. PPP 经验

(1) 降低融资成本

PPP 项目具有投资规模大、利润率不高和回报周期长等特点。因此，PPP 项目的融资成本高低直接关系到社会资本的投资回报率，有时甚至直接关系到社会资本是否参与 PPP 项目。具体就本项目而言，项目建设期总投资为 6.56 亿美

---

[93] 4G 路网项目由哥伦比亚交通部下属的基础设施局（ANI）负责招标，计划包括超过 40 个以 PPP 方式实施的超过 8000km 的公路；包括 1370km 的双向四车道公路和 159 条隧道。项目总投资预计 240 亿美元。

[94] 中国港湾工程有限责任公司（CHEC）成立于 20 世纪 80 年代，是世界 500 强企业中国交通建设股份有限公司（CCCC）的子公司，代表中国交建开拓海外市场，目前在世界各地设有 70 多个分（子）公司和办事处，业务涵盖 80 多个国家和地区，在建项目合同额超过 190 亿美元，全球从业人员超过 10000人。中国港湾立足于在海事工程、疏浚吹填、公路桥梁、铁路及轨道交通、航空枢纽以及相关成套设备供应与安装等基础设施领域，提供工程承包及投资的一体化服务，并在房建、市政环保、水利工程、电站电厂、资源开发等领域具有丰富的资源和经验。凭借技术、设备、营销、人才等方面的优势，为全球客户提供优质服务。

元，资本金最低为 1.50 亿美元。根据招标文件要求，按居民消费价格指数调整后初步估计资本金投入为 1.65 亿美元，剩余部分通过贷款解决。

社会资本经过多方考虑，认为中国贷款利息预提税❾较高，且当地货币近年来汇率波动较大。因此，社会资本中国港湾拟优先考虑使用美国或日本金融机构的美元贷款并在当地银行进行融资，中国港湾还充分利用政府还款中的锁定汇率部分，用于偿还美元贷款本息，剩余部分贷款使用当地货币解决，以求降低汇率风险和融资成本。

（2）识别并管理项目的风险

1）法律政策风险。由于哥伦比亚 PPP 项目涉及的法律较为复杂，中国港湾深入调研当地法律体系，聘请专业律师参与项目合同谈判、项目实施和未来运营等工作。中国港湾借助当地律师力量规避可能的法律风险，起到了良好的效果。

2）汇率波动风险。借助国际金融支持的 PPP 项目中，一个突出的风险便是汇率波动风险。为管理汇率波动风险，中国港湾与当地合作伙伴协商并达成共识：美元贷款还本付息原则上不超过政府美元还款部分；中国港湾收益部分如果因汇率造成损失，项目公司将在一定程度上补偿中国港湾 50％的汇率损失。

3）项目实施风险。由于本项目所地在有高山、峡谷、平原、湖泊等多种地形分布，地势起伏大。如果遇到复杂地质状况会对本项目实施造成不利影响。本项目联合体优势互补，如中国港湾在隧道桥梁施工方面有丰富的经验，所在地的合作伙伴均为当地有多年建设经验的公司，具有类似项目当地建设、运营经验，对当地地质情况非常了解。不仅如此，合作双方约定哥伦比亚国家基础设施局（ANI）针对地质情况的不确定性，对地质风险有部分补偿规定。

4）项目收益风险。PPP 项目的未来收益关系到的投资回报。本项目政府提供了较充分的补偿及担保形式，设立了较公平的风险分担机制，确保项目具有合理收益。建设投资部分政府每年还款额以社会资本方投标的固定金额为基数测算，运营维护部分政府承诺给予最小交通量保证，运营收益有政府最低保障。

5. 作用与示范意义

（1）本项目是哥伦比亚"4G 路网项目"的一部分，项目建成后将主要出口货物公路运输距离由 700km 缩短到 300km，时速由 30km/h 提升到 80km/h，对哥伦比亚经济社会发展具有重要的作用：全面降低哥伦比亚进出口商品成本，极大改善和促进周边沿线经济发展。

---

❾ 预提税是预提所得税的简称，预提税不是一个税种，而是一种代扣代缴性质的按照预提方式课征的一种个人所得税或公司所得税。如外国企业在中国境内未设立机构、场所或者虽设有机构、场所，但与该机构、场所没有实际联系，而有取得的来源于中国境内的利润（股息、红利）、利息、租金、特许权使用费和其他所得，均应就其收入全额（除有关文件和税收协定另有规定外）征收预提所得税。

（2）通过建设本项目，有益于中国港湾扩大哥伦比亚市场经营规模，进一步拓展哥伦比亚及周边地区市场。

（3）中国港湾在哥伦比亚拓展 PPP 市场，在积累丰富的海外 PPP 市场经验的同时，还可以带动中国企业进入哥伦比亚乃至整个美洲市场。

（4）近年来，基础设施建设合作已经成为中国与美洲合作最具发展潜力的领域之一。本项目是中国企业在美洲地区中标的第一个 PPP 基础设施项目，对于推动中拉基础设施合作转型升级具有深远意义。

参 考 资 料

[1] 凤凰财经. 四家央企三家金融机构在"一带一路"投资近5万亿 [DB/OL]. 2017-
    05-08. http：//finance. ifeng. com/a/20170508/15361459_0. shtml.

[2] 张一鸣. 发挥 PPP 创新作用弥补"一带一路"资金缺口 [N]. 中国经济时报,
    2017-05-09（10）.

[3] 梁敏. 央企参与"一带一路"建设成绩单亮相 [N]. 上海证券报, 2017-05-09
    （7）.

[4] 张云飞. 中国公司参与建设的缅甸水津电站竣工投产 [DB/OL]. 2017-07-
    21. http：//www. chinanews. com/gn/2011/10-22/3407382. shtml.

[5] 杨曦, 夏晓伦. 中企打造科伦坡港口新城建海上丝绸之路标杆项目 [N]. 人民日
    报, 2017-02-03（7）.

[6] 高洋. 一位资深涉外律师谈海外投资失败失利的 32 大原因 [N]. 浙江境外投资
    2017-6-29（11）.

[7] 郑春贤. 中国企业走向"一带一路"的法律风险及防范 [DB/OL]. http：//
    www. jmwhw. com/news/shownews. php? lang＝cn&id＝514. 2017-6-14.

[8] 李爱玲. "一带一路"提出历程 [N]. 前线, 2015-04-08（220）.

[9] 张英达, 葛顺奇. "跨国经营的政治风险：结构、趋势与对策" [J]. 国际经济合
    作, 2011, 11：4（8）.

[10] 李铮. 卡西姆电站项目风险控制纪实 [DB/OL]. 2016-7-1. http：//opinion. hexun. com/
    2016-07-21/185074842. html.

[11] 邱海峰. 中国助力全球绿色金融发展绿色理念融入"一带一路" [N]. 人民日报海
    外版, 2017-4-10（9）.

[12] 孟刚. 澳大利亚基础设施公私合营（PPP）模式的经验与启示 [DB/OL]. 2017-7-
    3. http：//www. ntfec. gov. cn/contents/2650/36344. html.

[13] 张茉楠. 如何构筑"一带一路"下的 PPP 合作新模式 [DB/OL]. 2015-8-5. http：//fi-
    nance. sina. com. cn/roll/20150805/222722886787. shtml.

[14] 杨光普, 孟春. 助力"一带一路"PPP 模式大有可为 [DB/OL]. 2017-9-
    28. http：//www. ce. cn/xwzx/gnsz/gdxw/201705/14/t20170514
    22791211. shtml.

[15] 谢亚轩, 张一平, 闫玲, 刘亚欣, 周岳, 林澍. "一带一路"资金支持再盘点"一
    带一路"倡议专题报告五 [DB/OL]. 2017-5-17. https：//wallstreetcn. com/arti-
    cles/3010043.

[16] 孙洁, 娄燕妮. "一带一路"中 PPP 模式必行之势：对接融资缺口 [DB/OL]. 2017-

4-25. http：//finance. sina. com. cn/roll/2017-04-25/doc-ifyepsra5443595. shtml.

[17]　齐正平．"一带一路"能源研究报告（2017）　［DB/OL］．2017-5-16. http：//
www. chinapower. com. cn/moments/20170516/77097. html.

[18]　马屹．"一带一路"建设与商事争议解决机制［J］．东方律师，2016.1（12）．

[19]　王忆南．一带一路和 PPP 重点问题分析——争议解决机制［DB/OL］．2017-4-
21. http：//guoji. caigou2003. com/anlifenxi/2878032. html.

[20]　王梓霖．"一带一路"倡议下 PPP 投资争端解决方法研究［J］．商情，2017，
（8）．

[21]　陈然．中企入股斯里兰卡汉班托塔港特许经营协议为期 99 年［N］．人民日报海外
版，2017-7-26（6）．

[22]　胡晓炼．用政策性金融助力一带一路［N］．人民日报，2017-7-26（13）．

[23]　包兴安．PPP 助力"一带一路"建设加速发展［N］．证券日报，2016-9-23（A2）

[24]　张茉楠．如何构筑"一带一路"下的 PPP 合作新模式［DB/OL］．2015-8-
5. http：//www. chinatimes. cc/article/49982. html.

[25]　肖光睿，王忆南．"数"说一带一路 PPP 机会［DB/OL］．2017-10-1. http：//
guoji. caigou2003. com/guojijiaoliu/2925284. html.

[26]　赵福军．资产证券化是推动 PPP 发展的重要引擎［DB/OL］．2017-5-4. http：//
bond. jrj. com. cn/2016/01/20080120448302. shtml.

[27]　周蕾．"一带一路"PPP 热潮下的冷思考［J］．国际工程与劳务，2015（10）：
20-23.

[28]　贾康．"一带一路"激活 PPP 创新机制［DB/OL］．2017-5-2. http：//finance. sina. com. cn/
zl/china/20150202/141521454434. shtml.

[29]　王忆南．一带一路和 PPP 重点问题分析——争议解决机制［DB/OL］．2017-4-
21. http：//guoji. caigou2003. com/anlifenxi/2878032. html.